【韩】赵宽一 著 苏西 译

心理彩排

好运都是在上班路上设计出来的

XINLI CAIPAI

北方妇女儿童出版社

长春

图书在版编目（CIP）数据

心理彩排 / (韩) 赵宽一著 ; 苏西译. -- 长春：
北方妇女儿童出版社, 2016.11
　　ISBN 978-7-5585-0082-4

　　Ⅰ.①心… Ⅱ.①赵… ②苏… Ⅲ.①成功心理－通
俗读物 Ⅳ.①B848.4-49

中国版本图书馆CIP数据核字(2016)第176734号

멘탈 리허설
Copyright © 2014 by Jo, Gwan Il
All rights reserved.
Simplified Chinese copyright © 2016 by Beijing Adagio Culture Co. Ltd.
This Simplified Chinese edition was published by arrangement with
BOOK21 Publishing Group through Agency Liang

著作权合同登记号：图字07-2016-4683号

出 版 人　刘　刚
出版统筹　师晓晖
策　　划　马百岗
责任编辑　张晓峰
版式制作　北京水长流
开　　本　880mm×1230mm　　1/32
印　　张　9
字　　数　300千字
印　　刷　北京旭丰源印刷技术有限公司
版　　次　2016年11月第1版
印　　次　2016年11月第1次印刷

出　　版　北方妇女儿童出版社
发　　行　北方妇女儿童出版社
地　　址　长春市人民大街4646号
邮　　编　130021
电　　话　编辑部：0431-86037512
　　　　　发行科：0431-85640624

定　　价　39.80元

上班途中，心理彩排带来奇迹

高级公务员小金，出生在乡村一个贫穷的家庭，但他凭借着自己的智慧和能力考上了名牌大学。并且提早通过了考试，之后他便势如破竹，节节高升。历任层层"要职"后，升至次官级（译者注：韩国公务员等级，相当于中国的副部长级别）的位置。他的人生似乎没有不顺。周围的人都认为他极有可能升至长官级（译者注：韩国公务员等级，相当于中国的部长级别）。在他的家乡，也一直充满着与他相关的话题。

地位的上升，出人头地后，也带来繁重的事物，除了本职工作，还有更多的事情找上门。再加上想要进入政治圈，那就要多亲近同是老乡的前后辈们，因此下班后经常直接奔往各种应酬饭局。经常是烂醉回家，第二天早上还要接着准时上班。

那年10月，原本就很繁忙的他变得更加忙碌。国政监查（译者注：国会定期对国家推行的某项政策进行的调查活动）结束后，紧接着就是新年预算审查等繁重事物。

那天，他很早起床，连日疲劳让他身体重如千斤，他很想休息但这是不可能的。他拖着沉重的身体，再次开始了工作。随后，他参加了干部会议，中间休息的时候他想稍微离开座位休息一下，一瞬间他猛然瘫倒在座位上，并且再也没有起来。很快他被送往医院急救，可惜他还是没能醒来。医生很快得出了结论：

他由于过劳而心脏麻痹最终导致死亡。

越是动摇越要抓住中心

很抱歉，以这样一个悲伤的故事开始。听完这样一个故事，我们也应当扪心自问：

"我正在往哪里走？"

"这样走下去是对的吗？"

"人生的真正价值是什么？"

我们不能盲从地活着，不能混沌度日，我们要傲然地活在这个世界上，这就需要我们抓住中心。世界是复杂的，我们不知道将要发生的事情，可以说，我们如履薄冰。

看看世界新闻，这个世界已然过于浮华，世界会变成什么样难以估测。生活中，也经常会发生令人无可奈何的事情，事故经常在意料之外发生。如果我们能够看到"人生的黑匣子"，恐怕会感觉生活更加惊险。随着社会进入老龄化，我们近来经常听说有老年人自杀事件，除此之外，还有个人信息泄露产生的一些案件，等等。仿佛我们生活在一个倒退的时代。

✝

不久前，某银行信用卡客户信息资料被泄露，弄出了乱子。通过信用卡网站得知我的个人信息被盗，我感到非常气愤，同时也感到十分不安。开始担忧会不会因此发生一些不好的事情。1000万～2000万用户信息全部被泄露，那段时间虽然真相还没有被发布，但全韩国成年人的个人信息很可能已经全部被泄露了。

无论是在电视还是在报纸上，随处可以看到银行工作人员鞠躬道歉的画面。

最近时常能够看到某企业管理层道歉的情景，过去这可是难得一见的，如今却司空见惯，足以证明社会危机正在强化。看到这种新闻后，儿子问我：

"他们会怎样？"
"被炒鱿鱼呗！"

我没好气地回答道。我的后辈也在其中，真替他感到惋惜。我蓦然想到，如果是我当了CEO会怎么样呢？就能够阻止用户信息泄露了吗？答案是显然的。

几天后，这家公司新上任的社长在接受国政监查时发表了自己的真实想法，引起了热议。他说"我们也是受害者"，这让国会议员勃然大怒。他为此受到了严厉的批判，最后不得不紧急道歉。事实上，他的话并没有错，只是在阐述事实，只不过他选错了说话的场合。两天前，在丽水市前海，一艘游轮在靠岸的过程中，与码头设施发生碰撞，导致了大规模原油泄漏事故。这次事故后，长官发表评论说"第一受害者是炼油公司，第二受害者是渔民"，他因此言论而被免职。

通过这些事例，我们可以看出，职场上的上班族很可能会因为一句话而终止自己的事业。这不禁让人感到郁闷。

如果在事前没有做好准备，就有可能导致意外的发生。

✢

世界上，每天需要我们去费心的事情不是一两件，处处摆满了"地雷"。一步走错，后悔终生。你好不容易累积成塔，一瞬间就有可能坍塌。

虽然今天和往常一样上班，但我们不知道会发生什么事情，可能会遇到态度恶劣的顾客而受到侮辱，电视上不是经常看到那些被称为"黑色消费者"的人吗？遇到低素质的顾客，总会让人感到压抑。

除此之外，我们还会受到来自同事、上司的压力。就业信息媒体"Saramin"曾做过一份调查（2010年11月）："你正在与看起来很讨厌的上司一起共事吗？"被调查者84.7%给出了肯定的答案。甚至众多平时让人艳羡的艺人、名家们也因为各方压力患上了"惊恐障碍"。迷茫，不知道未来怎么走。对于如何生活、如何工作感到混乱。虽然科技发展使智能手机、智能电视来到了我们的生活，但是我们的人生却并不"智能"。

总之，目前的世界让人充满不安，每个人都在追求成功，在这之前，我们应该掌握应对方法。

如果想给动荡的世界决定性的一击，要怎么做呢？虽然近来刮起了疗愈之风，但这只能算作"马后炮"。我们需要的不是疗愈，而是事前的措施。在我们受到伤害之前，在事故发生之前，采取一些"措施"是必要的。

上班途中，开始"心理彩排"

应该怎么做？这是我很久以前便开始关注的问题，也是很多励志书作家心中常有的疑问。我们应该如何生活？如何抓住世界的重心？如何做才能够不再卷入意外事故？我一直在想，突然一个闪念，我想到了两个关键词——"心理彩排"和"上班途中"。

"心理彩排"，即mental rehearsal，也许很多人对这个词感到很陌生。但提到"表象训练（image training）"，恐怕很多人就明白了。在体育圈里，"心理彩排"常被用作"表象训练"和"心理技能训练"。在这里我提到"心理彩排"是有一定原因的。虽然意义相近，但"表象训练"和"心理技能训练"，就如同它们的字面含义，强调的是"训练"，是一种心理上的练习和训练。

然而，本书所提到的"心理彩排"与此是有差异的。所谓"心理彩排"不仅仅是在事前对即将发生的事情在头脑中进行"心理训练"，更重要的是通过想象来预测可能会发生的事情，并想到能够应对的方法。前者重在"讲和"，而后者重在"应对"。

而"上班途中"所代表的，首先是象征从"心理彩排"开始新的一天（"心理彩排"并非只是一天，而是之后的每一天都要做的事情）；其次是在于它的象征性和利益性。"上班之路"是每个人的必经之路，也是每日日程表的第一步，是职场人每天做事的第一步。更重要的是，上班是人们每天都在重复做的事情。有问卷调查指出，韩国的上班族上班途中所需的时间平均为30～60分钟。可以说，每天我们拥有近一个小时的时间来进行"自我革命"。

✣

情绪商数，即EO，这个概念已被大众所熟知，世界著名心理学家丹尼尔·戈尔曼（Daniel Goleman）早就已经开始关注"心理彩排"和"上班途中"。他提出：在上班途中，想象未来可能发生的事情，能够刺激大脑前额叶，能够让大脑提前想到应对对策。这便是"心理彩排"。他主张如果想要改变自己的习惯，就要通过"心理彩排"来提供改变的机会。

提到"彩排"，你最先想到的是什么？恐怕是戏剧。都说"人生是一场戏剧"。那么如果我们每天早上进行一场"心理彩排",也就意味着我们在正式出演人生"一天"这场戏之前进行了预演。

没错,"一天",不,不仅是一天,应该说是在人生的战场上,"心理彩排"都是十分必要的。本书也正是因此而产生的。

每天上班途中的"心理彩排"成了一种"仪式",每天上班途中,不再是单纯走向公司的路,而成了一种"典礼"。如果我们能够坚持下去,那将能够带来令人惊讶的奇迹。

✣

你今天的上班之路感觉如何呢?现在开始改变你的上班之路吧。别再仅仅关注疗愈,为了我们不再受到伤害,积极地去应对吧!这是一场上班之路的"革命",你会发现你的职场出现了奇迹。

2014年 初春

赵宽一

CHAPTER **2**

用"心理彩排"改变习惯

CHAPTER **3**
用"心理彩排"清理内心

CHAPTER **4**

用"心理彩排"应对困难

CHAPTER 1

用"心理彩排"
开始新的一天

心理彩排，也是需要准备的，
这些准备需要你在出发之前来做。
你要执掌自己的清晨时间，
改变自己的精神面貌，
可以说，这也是一种重塑。
因此，每天早上，
我们要为自己打造一个"仪式"。
这样我们的清晨时光才会不同，
才能创造生活的奇迹。

1

早上，从"起床仪式"开始

　　每日清晨起床后，在新的一天开始之前，先给自己打造一个"起床仪式"。用百分之百的自信呐喊：

　　"今天一定会有好事发生！一定！"

　　当然，每晚睡前也要用同样的方式呐喊：

　　"明天一定会发生好事的！一定！"

　　先想象自己想要成为的样子，然后去模仿，这个"仪式"能够带给你一种期待。人体内的力量是属于你自己的英雄，它能够帮助你打造出全新的自己。

——李性烨

一天，一位记者采访到世界富豪之一的比尔·盖茨："您成为世界级富豪的秘诀是什么？"

他是这样回答的："我每天要对自己讲两句话：'今天我将发生幸运的事'和'我无所不能'。"然后记者又问他是如何做到能够在世界电脑产业独占鳌头的，他这样说："我从10岁的时候就开始想象有一天世界上每一个家庭使用电脑的样子，然后告诉自己一定要打造一个这样的世界"。这便是比尔·盖茨的"仪式"。

打造一个仪式，让清晨更美好

泉湖食品的会长金永植在他的著作《再跑10米》中写道，他每天早上都会去爬山，因为清晨是阳气最旺的时间。

为了吸收清晨之阳气，让身体充满力量，他会让自己面向太阳，将两脚分开站立。紧握双拳，气沉丹田，抬起双臂后再将其缓缓放下，将拳头中握住的"气"传入身体之中。反复3次后大声喊出自己的目标，这便是金会长的"清晨仪式"。

"想升职？告诉你一个办法，跑到山顶喊出你上司的名字，接着大声呐喊'谢谢您，董事长！我相信您，董事长！我爱您，董事长！'，他一定会听到你的呐喊。早上起床后喊出你上司的名字，即使你并不喜欢他，那也要传递你对他的'感谢'，然后再去公司上班，感受一下你的上司有什么不同吧！当然，这需要进行20次以上。"

> 清晨仪式对每个人来讲都是必要的。我早上起床有一个习惯，便是燃香。燃香可以平复心绪，还能提神。清晨是与自我见面的最珍贵的时光。
>
> ——孔柄淏（韩国商管专家）

早上起床后，像比尔·盖茨一样，对自己说"今天我将发生幸运的事"或者像金会长一样去吸取太阳的精华之气，抑或是像孔柄淏老师一样燃香，这样做的科学依据是什么呢？其实，你并不需要纠结这一点。

有时看起来这些行为是没有意义，甚至很多人认为这是一种"迷信"，实则不然。

20世纪40年代末，心理学家伯尔赫斯·弗雷德里克·斯金纳（Burrhus F.Skinner）发现动物会做出类似迷信的行为。为此，他做了一个实验，被称为"斯金纳箱"实验。在箱子内放入8只处于饥饿状态的鸽子，每15秒喂一次食物，观察它们的反应。其中6只鸽子做出了类似迷信的行为，如撞箱子、作揖、转圈跳舞等。这是因为掉落食物前，鸽子们正好在进行这些行为，于是产生了"迷信"。

人类也是如此，人类比动物思维更复杂，布鲁纳（Bruner）和莱福斯基（Revuski）做过一项实验，证明了人类非常容易产生迷信行为。全球最具影响力的管理思想家马歇尔·戈德史密斯（Marshall Goldsmith）博士也曾说过迷信思考对人类行为极具影响力。

梅森·柯瑞（Mason Currey）的著作《每日仪式》中介绍了世界上160位各个领域的伟人的日程安排。在这些人中，他们的日程安排以及习惯，不能不说也都是"迷信"的。例如，作曲家柴科夫斯基，他在每天吃完午饭，都会出去散步两个小时，无论天气如何。而且，仿佛提前5分钟结束便会生病或遭遇不幸，他一定会遵守两个小时这

个时间。（据他的弟弟所言，他好像在哪里看到饭后散步两小时便能够保持身体健康这样的话）

NBA的传说迈克尔·乔丹在芝加哥公牛队期间，每次比赛一定要穿着自己在北卡罗莱纳州大学篮球队时穿过的队服；足球明星大卫·贝克汉姆非常讨厌奇数，以至于他的冰箱里摆放的他最喜欢的可乐数量也一定要是偶数，否则他会认为不吉利。

和他们一样，每个人都有自己的"迷信"行为，我相信不会有人没有。纵使你认为清晨仪式是一种"迷信"，甚至是一种"法术"，但它能够将自己内心"催眠"，让自己内心变得平和，并相信好运将会降临，在心理上也会有一定帮助。

✛

无论你是否认为是"迷信"，（人们并没有把它当作"仪式"，而是自然而然形成的重复言行）这也叫作庆祝仪式。提起这个词，我会想到足球，进球庆祝仪式。在世界杯比赛中，如果进球后运动员和教练都不庆祝欢呼，可以想象是多么无趣。当看到希丁克教练的上勾拳庆祝手势，仿佛进球的意义和兴奋也被放大了。我们进行"仪式"的原因是赋予其意义。

虽然我一直在说"仪式"，实际上，它并不是单纯的仪式，而是一种"重复的习惯"。（因此看起来像是一种类似迷信的行为）仪式，给我们一些特别的行为赋予了一层含义，这些重复行为形成一种心理上的依赖。从这点看来，庆祝仪式和仪式有着细微的差异。

牛津字典中，"ceremony"是指正式的，通常是庄严的宗教或其他庆典中具有特殊形式及程序的礼仪；而"ritual"是指按照固定的顺序进行的连续性行为、宗教行为或虔敬的仪式。"a series of actions or type of behaviour regularly and invariably followed by someone.（总是固定进行一系列动作或行为）"是牛津字典中对这个词的附加解释。可以说，"ceremony"是"ritual"中的一种。"ritual"的范围更大。本书中所要讲的便是"ritual"。从牛津字典给出的例句可以清楚地看到两个词的不同。"Her visits to Joy became a ritual.（她拜访乔伊已成了习惯）"

另外，"ritual"是反复、连续的行为，它和"习惯"不同的是，它除了有反复行动，还伴随着固定的情绪反应和意义，相比之下，"习惯"只是单纯的行为反复。每天早上喝一杯咖啡然后做全天的规划，这是"惯例"，而每天早上喝一杯咖啡，这是"习惯"。

> "究竟如何能够让人生更有意义？那便要通过'ritual'。'ritual'是日常反复性行为定式，能够将无意义的生活变得有意义。"
>
> ——金正云（文化心理学家）

我们的舌头有着不可思议的力量

你每天早上有什么"仪式"呢？有什么有意义的"惯例"？美国记者乔治·洛里默（George Lorimer）说："如果想要每天带着满足感入睡，就要在每天早上带着坚定的决心起床。"约尔·欧斯汀（Joel Osteen）说："用我们的话来说，就是给自己的预言。我们的舌头有着不可思议的力量，改变语言就能够改变世界。"早上睁开眼睛，最先应该做的事情是对自己说充满希望的话，以此开始新的一天。

　　心理学家、冥想家们认为根据每天不同的"清晨独白",可以决定当天是快乐还是悲伤。现在轮到我们了,用坚定的决心起床,然后对自己讲充满希望的话,以这样的"惯例"来开始新的一天。像柴可夫斯基一样,读过本书后,打造一个自己的"惯例"。让你的早晨和人生从此不同。

　　"早上的想法决定一整天。一个乐观的想法能够让你一整天充满力量。"

——威廉·派克(William Peck)

2

轻松地起床比早起更重要

有一个美好的开始，才能有一个完满的结局。

早晨是一天的开始，有一个美好的早晨，才能有完满的一天。

"我每天早上最讨厌睁开眼睛。"

这是患有抑郁症和恐慌症的某知名演员说的一句话。

"我像少年一样带着激动的心情睁开双眼，今天又会发生怎样有趣的事呢。"

这是我的家乡春川一家名为"Peace of Mind（心如止水）"的书店的老板金中玄说过的一句话。（《中央日报》，2012.9.22，金老板毕业于首尔大学哲学系，后创立女性内衣品牌Namyeung Vivien，年薪数以亿计。他在春川开了一家书店，每天做做料理、写写书、做做演讲，就这样帅气地活着。我回老家的时候偶尔会去他的店里）

世界知名领导力专家约翰·麦斯威尔（John Maxwell）曾说："如果想要了解自己的成长，要看早上是否能够平和地睁开眼睛。"

我们是在什么状态下睁开眼睛的？又抱着怎样的心情睁开眼睛的？是如何迎接新的一天的呢？

核心是"轻松"地开始

日本知名医生税所弘在他的著作《晨型人》中说："一天只有24小时，人生是有限的。因此能够掌控早晨的人才能够掌控一天，能够掌控每天的人才能掌控自己的人生，能够掌控自己人生的人，才能通过自己的人生获得人生价值。"

掌控属于你的早晨吧！这句话总会让我想到"晨型人"，2009年3月韩国从日本引进并出版的《晨型人》一书，一年时间销量突破100万册，成为顶级畅销书，在我们脑中留下了深刻的痕迹。这本书的原书名是《100种变为晨型人的方法》，最初在日本出版后，销量为3万册。当时正值韩国刚刚实行每周5天工作制，各企业都处于困难时期，这本书的上市也就顺理成章地大获成功，因为它充分满足了读者的需求。

《晨型人》一书带给人们很大影响，甚至不管是否读过这本书，都知道"晨型人"这个词，不知不觉就会被这个词洗脑。即使不知道这个词具体是什么含义，也知道"早上早起，要好好利用清晨时间"。

从这本书目录来看，可以看出全书的主旨是"晨型人会成功""成功人士大都早起"，强调成为"晨型人"的重要性。"振作自己""别犹豫，起床吧"，主张人们不再当"夜猫子"，告诉大家如何变成"晨型人"。然而，如何利用"晨型人"特性，却没有深入讲解。充其量只是讲了在左右脑活动活跃期间是更适合读书，还是一边散步一边制

订一天的计划比较合适。

事实上，如果说出一本讲"夜型人"的书或许会因为新鲜而成为热闻，而"晨型人"是大家都认可的观点。小时候，我们经常听父母唠叨我们"要早睡早起"，并且，在400多年前，英国作家威廉·卡姆登（William Camden）就曾说过"早起的鸟儿有虫吃"这句话。那么我写这本书还在讲这个众所周知的常识有什么意义呢？这便是为了证明患有"恋床症"的人并没有那么多。

那么，我主张的"抓住自己的早晨""支配自己的早晨"是什么意思呢？和税所弘医生的观点有哪些不同？我并没有去关注"晨型人"和"夜型人"。为了能够更轻松地上班，应该早起，但我所要强调的重点并非"早晨"的时间性，而是"抓住"和"支配"。下文我们将会详细解释。

✛

有一个很有趣的观点，来自于韩国一家研究所的所长金正云博士："成为'晨型人'并不是21世纪的正确人生观，因为'晨型人'

到了下午往往会产生倦怠感，注意力下降，反而导致工作效率低。如果说早上早起的人都能够成功，那么早上很早起来去爬南山温泉的人都能成功，可惜这些人一半是病人。"

一半是病人？这个玩笑可不好笑。即使没有听过金所长所说的话，我也不主张大家去做"晨型人"。因为根据每个人体质与职业的不同，所需要的也是不同的。事实上，"晨型人"只占十分之一，10个人当中，有2名是"夜型人"，另外7个人则属于"中间型"。按照人体生物钟的规律，"晨型人"属于少数派。据调查，在职场人士中，有69.7%的人想要变成"晨型人"，另外认为自己已经属于"晨型人"的人中，有95.9%的人认为符合自身的生物钟，相反，"夜型人"中，48.5%的人认为自己应该变成"晨型人"。

抛开每个人体质不同这一要素，"夜型人"其实受到的压力更大，他们似乎更难成功。大部分职场人士都会早起上班，如果某天早上没有早起就会有一种罪恶感，产生一种心理压力。

要注重早晨的品质

其实，没有必要羡慕"晨型人"，或者因此有什么压力。只要根据上班时间来调整自己的起床时间即可。如果按照到达公司的时间来推算，需要早起的时候当然就要早起，从而养成习惯。然而如果上班时间很晚的话，便可以根据自己的生物钟适当调整起床时间。

重要的并不是是凌晨起床，还是晚些起床，而是"游刃有余"地开始新的一天。例如，公司上班时间为早上7点，那么通过倒推，早上5点起床也并不算早；而如果公司上班时间为10点，7点起床便可以算是很早的。

充满活力地开始新的一天吧！为了能够拥有有品质的早晨，开始抓住自己的早晨吧。这是成功人士应有的习惯。

佛罗里达州州立大学的心理学教授劳拉·万德坎姆（Laura Vanderkam）对迪斯尼CEO鲍勃·伊格尔（Bob Iger）、百事CEO卢英德（Indra Nooyi）等美国名人的早晨习惯做了调查。从他的著作《成功人士如何利用清晨的时间》（What The Most Successful People Do Before Breakfast）中可以看出，这些成功人士早晨起床后的第一个小时是第一重要的。他们会利用这个时间做运动或冥想，不仅如此，还会与家人一起共进早餐。再对比下你的早晨吧。

✣

在我们的身体里，大概有60兆个细胞。如果要让那些细胞全部"起床"需要2~3个小时，因此如果想要让左右脑活跃起来，就要遵守这个时间。

再次重申，我所要强调的"抓住早晨"重点不是"时间"，而是"方式"和"内容"。也就是说，不在于"什么时候"起床，而在于"如何"起床。如何利用自己的早晨，如何开始新的一天。换句话说，决定早晨的不是"时间"而是"品质"。

总之，别再纠结什么时候起床的问题，如果慌慌忙忙地开始新的一天，那就没什么品质而言了。那不是在支配早晨，而是被早晨支配。相反的，轻松地起床，然后浏览昨晚的新闻，吃早饭，最后像散步一样走到地铁站，这才是有品质的早晨，这才是支配早晨。

你的早晨有没有被你好好支配呢?

"别起得太晚，那会缩短清晨时间。早晨是生命的本质，在某种程度上，它是神圣的。"

——叔本华

3

早上睁开眼睛的第一句话一定要是正面的

每一个一天堆积成了人生

美丽的早晨打造美丽的一天

美丽的一天打造美丽的人生

那么今天

睁开双眼

微笑

大声呐喊

"早上好"

美丽的早晨打造美丽的人生

美国经济杂志《福布斯》曾说过："成功人士会有效利用早晨时

间。"并介绍了成功人士的五种早晨习惯。

第一种，先做"最讨厌的事"。每个人每天必须做的事中都有讨厌做、害怕做的。在这种情况下，通常会产生一种压力，导致拖延。因此，为了摆脱这种压力，最简单的方法，就是早晨起来，赶快先把讨厌的事情干掉。

第二种，制订详细的早晨计划。早晨是唯一能够静心思考的时间，所以如果能够利用这个时间制订详细的早晨计划，那么即使白天忙碌也不会忘记要做的事。

第三种，运动。早上运动能够带给我们成就感，能够让沉睡的身体苏醒，并充满活力。

第四种，关注精神健康。《福布斯》给出的建议是"想象一下如何度过即将到来的一天，并详细想象自己成功的样子"。

第五种，好好吃早餐是每一位成功人士一定会做的事。《福布斯》建议，这5种习惯要在早上8点之前做完。如果想要将以上5种习惯都完成，恐怕还要真的早起了。爱睡懒觉的人恐怕死也做不到这5点，只有轻松早起才能做到。

身体最了解我们迎接早晨的心

我们来看下《福布斯》建议的5种习惯中的第四个，"想象一下如何度过即将到来的一天，并详细想象自己成功的样子"，"仅仅几分钟正面的想象，能够让一整天充满能量"。早上睁开双眼，开口说的第一句话要小心了。在韩国，韩国人起床后睁开眼睛，往往会无意识地一边伸懒腰一边说着：

"哎呀，要死了！"

这是感叹词还是叹息呢？如果这样还期待拥有美好的一天就太好笑了。迎接早晨的"仪式"如此狠毒、负面，充满希望的早晨为何要"死"呢？这是非常晦气的。

✝

这时不得不提到日本江本胜博士的实验，在他的著作《水知道答案》中，他提出的观点让众人哗然。江本胜博士用5年时间，对水以及水的波动进行了深入研究，得出的结论震惊了世界。当水看到 "爱与感谢" 时，会呈现出几乎接近完美的六角形结晶，如果看到 "笨蛋、傻瓜、烦死了、要死了" 等否定词时，就会呈现出奇形怪状。

类似的实验在韩国也做过，2012年10月，韩国某档节目中也演示了类似的实验，并得出了与江本胜博士相同的结果。将白米饭分三个瓶装，每天对第一瓶说 "我爱你" "看起来好美味"，第二瓶则置之不顾，第三瓶则每天对它说 "好讨厌" "看起来就很难吃"，2周后，结果很惊人。第二瓶散发着酒味，第三瓶则是难闻的腐烂味，而第一瓶则还留存着米香。

在三星重工业也做过相关实验。在高层领导和工长们的60多张办公桌上摆放同样大小的洋葱（一部分是红薯或土豆），每个杯子装2个。对一部分洋葱说 "我爱你，感谢你"，对另一部分说 "讨厌你，气死了" 等否定性的话，40天以后，结果与前面的实验结果相似。每天听甜言蜜语的洋葱长了10厘米，相反每天听负面言论的洋葱则全部腐烂。

可见，如果每天早上对自己说"哎呀，要死了！"会带来怎样的影响。人体内含有70%的水分，现在想想《水知道答案》的观点吧。虽然并没有具体的实验数据，但可以推测出这对人体无益。

时刻带着积极的期待

世界著名成功学畅销书作家、美国第一潜能开发大师博恩·崔西（Brian Tracy），他最初并不是学者，他出生于一个贫穷的家庭，从身无分文变身为百万富翁。高中便辍学的他为了生活找到了人生第一份工作：在饭店的后厨刷碗。后来他又开始学习，并获得了经营学博士学位，在自己的领域里独树一帜。在创建博恩·崔西国际公司之前，他一共打过二十几份工，在销售、市场、投资、房产开发、咨询等领域都创造过成功神话。这也让他的言论和观点更具有说服力。

他在他的很多著作中都提过的成功秘诀便是"期望定律"，这与主张他人的期待以及关注能够提升效率、优化成果的"皮格马利翁效应"是一脉相承的。不仅是他人，如果自己对自己充满期待，便能如自证预言（self-fulfilling prophecy）一样实现自我成长。

虽然表现不同，但相信"有期待便能实现"的人不在少数。现代心理学家的始祖威廉·詹姆斯（William James）相信，"信任成就事实，期望所至"，对于某件事的结果有所期待，便会实现。哈佛大学罗森塔尔博士通过"自我期待"理论，证明了"即使是完全错误的信息，期待也会给他人、事件、环境带去影响"的事实。如果认为一定会发生坏事，那便一定会产生负面结果；如果认为一定会发生好事，那便会产生正面的结果。

✛

世界级富豪沃伦·巴菲特，在接受某杂志访问的时候，公布了自己成为富翁的秘诀。"我从小时候开始就在脑海中想象自己成为世界首富的样子，我从来没想过自己会穷。"

最强烈，最有预见性的期待便是正面的期待。就像确定自己的行动会产生成功积极的结果一样。不仅巴菲特，其他成功人士也大部分有着正面期待的习惯，这与普通人是不同的。特雷西说："相比失败，他们足够期待成功。"

他认为，将正面期待注入自己的精神世界，有一种方法，那便是清晨起床后的独白。

"今天一定会有好事发生的！"

反复说着这样的独白。带着这单纯的期待，等到这一天结束的时候，你会惊讶地发现，这一天发生了很多大大小小的幸运的事情。

我们正在看星星吗

原则上是这样的，那么现实生活也是如此吗？非常出乎意料的是，据调查，郁闷着起床的人非常多。一边喊着"要死了"一边起床，难道是因为没有值得期待的事吗？然而期待是自己来打造的，改变想法就能够看到新的世界。

✝

塞尔玛·汤姆森（Thelma Thomson），在她名震文坛之前，她跟随军人丈夫到加利福尼亚莫哈韦沙漠附近居住。在45℃的热浪和沙暴下，一整天等着丈夫回家的生活，用一句话来讲，就和监狱差不多。一天，她带着悲戚的心情给家乡的父亲写了一封信。

"爸爸，我忍不下去了，我宁愿去监狱，我好想回家。"

不久，她收到了父亲的回信。非常简短：

"两个囚犯通过监狱的窗看向外面，一个看到的是泥土地，另一个看到的是天上的星星。"

看完父亲的信，汤姆森感到很羞愧。她决定要像父亲的信里所说，要看到天上的星星。她不再呆呆地等丈夫回家，而是开始与本地人打成一片。除此之外，他还开始仔细观察长在沙漠里的植物。有时，晚霞就像火一样红，她发现原来沙漠也这么美。后来她还出了一本书——《闪光的城墙》。成名后的她这样说：

"是什么改变了我？莫哈韦沙漠并没有变，变的是我的想法。改变想法，就能够将悲惨的生活变得有趣。"

✝

我们看到的又是什么呢？是泥土地，还是天上的星星？在韩国，有63%的人讨厌上班，患有"公司抑郁症"。其实，只要改变想法，就能够将抑郁化为期待。这个变化需要在早晨来创造。上班之路的改变，也能够改变人生。

> "早上睁开眼睛，最重要的是带着'哪怕只有一个人，也要带给他快乐'的想法开始新的一天吧。"
>
> ——尼采

4

带着去郊游的心情去上班

"人的大脑是个神奇的器官，大脑每天早晨醒来的瞬间便开始运作，去上班的瞬间又立刻停止运作。"这是获得过4次普利策奖的美国诗人罗伯特·弗罗斯特（Robert Frost）说过的一句话。虽然这是玩笑话，其实也蕴含着深刻的含义。对于职场人士来讲，最讨厌的恐怕就是上班，每每想到工作上的事情，就会头痛欲裂。正因为这种压力，导致左右脑会自动停止运作。

一天，我慌慌张张准备上班，回头一看表，已经过了8点了。心里给自己定的时间是8点10分，最晚这个时间出发才不会迟到。衣服也来不及穿只好搭在胳膊上，然后顺手拎起桌上的包包跑出家门。接着急急忙忙按下电梯按钮，这时，妻子开门问道："你是不是忘了什么东西？"突然想起来没带手机，"赶紧把手机给我！"妻子回去取手机的时候，电梯门开了，因为是早晚上下班高峰期，电梯内站满了人，没办法，只能眼看着电梯关门下去，同时开始埋怨妻子的慢动作。

从妻子手中接过手机，再次按下电梯按钮。这次终于进入电梯，但是在电梯下行时，一共停了两次。到地铁站需要7分钟时间，这时不得不开始狂奔了。一路狂奔到地铁站，跑下楼梯，地铁却刚刚关门离开，真是倒霉！只好一边等着下一趟地铁，一边看着表。看来还是要迟到了。眼前立刻浮现起组长那愤怒的脸，突然气不打一处来。

猜想这样上班，会度过怎样的一天？

重塑上班之路

上班是职场人士的宿命。虽然最近在家办公也开始流行起来，但大多数职场人士还是在照常上班，这是每日必做之事。同时这也是开始新的一天非常有意义的过程。问题是，这个非常有意义的过程大多数人都过得像机器一样，毫无想法。只是单纯地从家到公司的位置转换。不，甚至对很多人来说，这个过程更是一种折磨。

法国《费加罗报》就业版块Metejob的问卷调查显示，法国职场人士中有2/3惧怕上班，备受"上班恐惧症"的折磨。主要原因有直属上司的压力（27.7%）、迟到压力（25.3%）、业务量过重（21.4%）、挫败恐惧（18.6%）等。在被调查者中，58%的人患有"上班恐惧症"，并认为自己是"别无选择才上班"。

并不是只有法国这样，韩国也一样。韩国求职网站Scout曾对韩国上班族进行调查，2/3的人"讨厌上班"，并称受到诸多压力。

因此，对于职场人士来说，"所有的路中最讨厌走的就是上班的路""想起上班就没食欲"。尤其是法定假日连休后的第一个上班日，更是如此。大家普遍反应星期一所承受的压力最大。

"讨厌工作"带来的压力，并不是可以轻易解决的问题。每天早上都走着讨厌的路，并因此承受着压力，就这样下去吗？我们一生都要工作，不能就这样下去。难道就不能让上班之路变得快乐吗？就不能让上班之路变得更有价值吗？

如果把上班当作一种"宿命"，那它就不能是带有压力的。要改变自己的想法，要改变自己的上班之路。一旦改变了上班之路，你的职场生活会发生改变，人生也会发生改变。

✤

如果网络搜索"职场人脑构造"，能够查到很多有趣的资料，求职网站问卷调查制作的"大脑构造图"虽然看起来只是幽默漫画，但却能表现出职场人士的状态。在上班族脑海中最重要的便是"工资日"，"大脑构造图"中也有以上下班为主角的，但其表现更多的是下班。由此可以见得，人们上班是怎样的心情。

上班的压力并不仅仅是因为讨厌工作，还有上下班高峰的交通拥堵、公交地铁的拥挤，想起来就烦躁。再加上合不来的上司以及堆积如山的工作，头痛欲裂。

据调查，相对而言，女性的职场压力比男性更严重。这是英国伦敦谢尔德大学联合研究组得出的结果。原因是女性还承受着家务和育儿的压力，尤其是当子女还在上幼儿园阶段压力最大，比同龄男性压力大4倍。每天不仅要送子女去幼儿园，所付出的担忧也更多。家庭带来的压力让女性在工作上也会倍感压力。（同时，这种压力也会传递给丈夫）这也就意味着，女性上班所花费的时间更多。英国的这份调查也同样符合韩国的情况。

✛

周一是一周工作日的第一天，因"社会时差"的原因让人们工作起来更吃力。"工作时差"这个概念是德国路德维希·马克西米利安大学教授提尔·罗内伯格（Till Roenneberg）提出的，是指因为现代生活方式与人类进化形成的生物钟发生的冲突。周末休息后，周一早起上班会更容易让人感到疲劳，也叫"周一综合征"。不仅韩国，"周一综合征"是全世界各地的上班族共同的问题。

美国猎奇网站"Oddee.com"近日盘点了"关于周一的十件令人吃惊的事"，在英国，有一半的上班族在周一都会迟到；周一平均会发12分钟的牢骚；特别是45～54岁的上班族，大部分都受到"周一综合征"的困扰；大部分人周一早上很少展露笑容，直到中午11点16分以后才开始笑（晕，调查得还真是仔细。）；注意力集中的时间不会超过3个半小时；休息日后的第一天上班，在这一天患上心脏病的概率比其他日子高20%；甚至在周一自杀的人也多于其他日子。这样看来，还真是"令人吃惊的事"。

当然，也有人期待上班，有人非常快乐地在工作。"Scout"调查得知，在"就业紧张时，有一份工作而感到很幸福的人"占17.94%，"我非常喜欢我的工作，我一定会加油的"的人占12.49%，这两部分人占被调查总人数的1/3。

✛

你是怎么上班的呢？上班的类型大抵分为三种。从出门开始就压力重重、战战兢兢的类型；认为是宿命的，消极对待的类型；还有就是自己能够为自己创造好心情，开心去上班的类型。哪个类型更好恐怕不用我来说。如果你属于前两种类型，你就需要改变了。你的上班之路需要重塑，否则你的未来就令人堪忧了。

像去郊游一样去上班

想起关于"上班"的故事，我马上想起了已故的前现代集团会长郑竺英。有一个很著名的小插曲。记者们得知郑会长会在凌晨很早起床去上班，于是蜂拥而至想要采访他。

"请问您是以怎样的心情去公司上班的呢？"

郑会长是这样回答的：

"我每天去公司的心情就好像去郊游一样。不是去工作，而是想要去郊游一样，带着快乐的心情和希望去做事。"

记者们继续问道：

"那么，会长，当您遇到令人头痛烦躁的事情的时候也会带着去郊游的心情上班吗？"

郑会长回答：

"如果遇到头痛的事情，我便会想着这件事解决好的时候的那种喜悦去上班。"

带着这样的心情上班，一天一天的累积，怎么可能不成功呢！微软总裁比尔·盖茨也说过："我从事着世界上最有趣的工作，每天上班当然开心，因为有更多的挑战和机会等着我。"

✣

很多人肯定认为，那是因为他们做的是他们自己的公司，他们当然会有那样的心情。"如果我不是工薪族，我也有很大的企业的话我也会带着去郊游的心情去上班。"那么现在的问题便是"先有鸡还是先有蛋"。

没错，自己的公司和企业的确更有可能带着去郊游的心情去上班，去迎接挑战。这我不否定。虽然我也是工薪族，但我有过那样的经历。给我留下最深刻印象的便是那段课长生涯。我曾担任过农协中央会长的秘书，虽然这并不算什么高层领导，但上班的时候的确是像去郊游一样。

　　我的工作并没有很轻松悠闲，反而是个苦差事。可不是礼宾秘书，而是业务秘书。为大企业的老板工作可不是很容易的，哪怕只有一丝一毫的差异，也会出大事的。因此我要时刻警惕着。无论白天晚上，甚至休息日也不能完全放松休息。365天，24小时，全部都是工作时间，这毫不夸张。

　　在这样紧张的情况下，我所掌握的工作要领便是正面思考。因为我知道越是想逃避就越会遭遇困难，所以我会换一种思维。能够在会长身边工作是一个绝好的学习机会。当我的建议被公司采纳的时候，我会非常有成就感。在这里工作期间，我告诉家人别期待我提早下班。内心想法转变后，一切都变得轻松了。即使晚上加班到很晚，第二天也能够很早起床。早上睁开眼便想快点到公司去。因为想要在会长上班之前到公司去做准备工作。

　　尤其是冬天的时候，凌晨通常是漆黑一片。尽管如此，我依然会和妻子一起去爬山。一边做着伸展体操，一边迎接黎明到来，然后向着黎明大声呐喊："今天一定会有好事发生的！"

　　休息日的时候，或者登山的时候，脑子里面依然会被公司的事情占满。有时候因为不放心也时常在休息日去公司加班，仿佛没有我公司就会出大事，这其实是一种错觉。那结论便是，我上班的步伐变得格外轻盈。可谓"一切由心造"。

✛

　　如果你上班的时候感受到了压力，那你就需要重新设计你的上班之路了。如果你感到上班之路很沉重，请让自己"重新开机"吧。对于讨厌的工作勉强去做，上班也是毫无希望的。

5

欣然接受世上存在的一些你无法理解的神奇法则

"无意中看到小说《胡萝卜须》的作者朱尔斯·勒纳尔（Jules Renard）写的文字，早上睁开眼睛，揉着双腿，'眼睛看见了，耳朵听到了，身体能移动了，心情也不错，太感激了，人生真是美好。'拥有这些就已经足够幸福了，还有什么不满呢？因此我们每天早上都很幸福，并带着这种幸福开始新的一天。"

——李时炯

对于能够洒脱而快乐的人的生活方式的与众不同之处，看了他的采访报道，我深有感触。李时炯博士是韩国著名精神科医生、脑科专家。1982年，他以著作《倔强地生活》创造了韩国出版史上非小说文学畅销书的记录。在我的青年时期，他是韩国超人气专栏作家，我一直喜欢读他的文字。迄今为止，他的作品依然还在畅销中，不仅如此，他还依然如年轻人一样充满活力地生活着。读着已年过八旬的他的文字，并且也按照他书中所写在实施着。这也成为我现在工作的原动力。

即使只是错觉，也要积极看待

韩国教育心理协会会长李尚贤是韩国励志领域的专家，写过多本畅销书，可以说是励志领域的始祖。他年过八旬，依旧每天写书、演讲，过着忙碌的生活。不久前，我去拜访他，作为一个不起眼的后辈，他依然以礼相待，将我30多年前的处女作《好好待客》像欢迎横幅一样摆在了书架正面。这让我非常感动，这本书应该已经绝版了，他竟然还有。他曾在他第111部作品《开心的语气，失败的语气》中这样说道：

我放弃治疗后，在不安和恐惧中度过了14年岁月。为了克服对死亡的恐惧，我每天睁开眼睛便开始看书，其间看了近万本书。这些书中，有一本书救了我："神在造人的时候，是按照自己的形象创造的，不仅是外在，还拥有与神一样能力，无所不能。成功、失败、幸福、不幸、生、死也不例外。"我把这句话牢记在脑中，每天像口号一样呐喊。

"我很健康。"

"我很幸福。"

"我是胜利者。"

世界上每个人的生活方式各有不同。不同的并不是什么特别的，而是相信世间原则，并按照其执行。"今天一定会有好事发生的。"比尔·盖茨和金泳植会长都会在每天早上喊出这句话。

或许有人觉得这有点可笑，但我并不这么认为。他们的成功必然有其道理，我们应该学习他们支配生活的智慧。西格蒙德·弗洛伊德（Sigmund Freud）说过，如果给自己洗脑3000次，那么积极的力量就会形成你的一种意识。

早上起床后，一边带着期待，一边呐喊着积极、带有期待的话，"语言是一切的种子""世界上每个人都会心想事成"，这是《秘密》（朗达·拜恩写的世界级畅销书）中提到过的。这并非"迷信行为"，而是生活中所需要的方式。

现在，你尝试一次。早上起来，睁开眼睛，伸个懒腰，大声喊出"啊，真是个美好的早晨""今天一定会有好事发生""啊，我好幸福啊"这样的话。然后看看自己有着怎样的心情。我相信，你的身心会变得充满活力，心情也会变得超好。

如果你仍然怀疑我的话，可以看看《秘密》或者《看：上帝的魔术》（韩国记者金尚云的著作，在这本书中，也有很多关于"世界上每个人都会心想事成"的论证事例）相信世间高深莫测的原理，并以此改变我们的早晨和生活，我们没有理由拒绝。即使把它当作一个实验，这将能够打造一个与众不同的每一天。

世界上有很多的事情超乎我们的想象。像真话一样的假话，以及一些神奇的原理。有时候虽然看起来很荒唐，对孰真孰假会感到迷茫，但与其怀疑不如深信。虽然不能完全证明，但总是没有损害的。

如果想要通过"心理彩排"打造"上班途中30分钟的奇迹"，就要相信世间的原理。

÷

你相信命运吗？相信命数吗？相信神的存在吗？相信宗教吗？祭拜过祖先吗？算过命吗？有做过某些"迷信行为"吗？如果这其中你做过一件，那就不能说你不相信宇宙中一些神秘莫测的理论。

即使是错觉也好，也要学会止面思考。

——西田文郎（日本著名心理培训师）

世界上的道理都是相通的

尽管如此，"按照自己所相信的""你所想的都能够实现"这虽然听起来像是谎言，但这是有一定的科学根据的。众多的学者和专家按照世界上的一些神秘的原理，都有一些科学上的可行性。所谓量子物理学或者量子力学。《秘密》或者《梦中楼阁》《积极心理学》《水知道答案》《看》等书的共同观点便是量子物理学。

量子物理学，是马克斯·普朗克（Max Planck）（爱因斯坦的老师，于是将提出量子假设的1900年12月14日作为量子力学的诞生日）提出，然后依据埃尔温·薛定谔（Erwin Schrodinger）、海森堡（Werner Karl Heisenberg）、保罗·狄拉克（Paul Adrien Maurice Dirac）的学说在20世纪创造的学问。

它是万物的最小单位，无论是生命体还是无生命体都无法再剖开的微粒子，是宇宙运动的基础原理。这种微粒子有着我们无法想象、难以相信的力量。微粒子能够改变世界，世界物理学杂志《物理世界》中记载，被称为人类科学史上最美丽的实验的"双缝干涉实验"证明了这个事实。即，实验者如果把微粒子当作颗粒，那么它就是颗粒；若把它当作波浪，那呈现出的便是波浪。虽然这个实验是在一个世纪之前进行的，但它得出的结果与很多物理学家的实验结果是一致的。

反对量子力学理论的观点也是存在的。反对量子力学的人认为"与其通过物理学来解决自己的未来，不如通过冥想'真我'的力量这种心灵创造力来创造自己的未来。"意思是说按照古今的圣贤者和先觉者们追求的方式来创造自己的命运。

不管是科学的、宗教的还是精神的，只要用心，便能够改变世界。只要下定决心，便能够实现自己的愿望。那么这世界上的道理，要相信并遵守。

✝

现在，让我们开始抓住早晨吧，重塑我们的上班之路，通过每天上班途中的"仪式"来创造我们职场生活中的奇迹吧。

CHAPTER 2

用"心理彩排"
改变习惯

　　小习惯创造大奇迹。养成新的习惯，就从今天早上开始，英国作家、心理学家玛莉安·冯·艾克·麦肯（Marian Van Eyk McCain）说过："现在马上开始，单纯地，以舒适的人生为目标，从小的变化开始尝试。今天就开始吧。就好像是碗里面放入酵母能够让面发酵一样，今天开始的小行动，也能让我的一切发生改变。"

6

每天30分钟"心理彩排"

1755年由塞缪尔·约翰逊（Samuel Johnson）编纂的《词典》中，没有出现"fulfillment（成就）"这个词。"成功"和"成就"是现代词汇。那是因为人们忙于解决自己的生存问题。如今，"上下班"是人们为了生存而进行的行为，不，只能说是一种"往返"的行为。现在，我们要赋予它意义，以引起生活上的变化。

据推算，韩国上班族上班途中所需时间大概是30～60分钟，当然像首尔这样交通拥挤的城市与其他城市会有一些差异，此外，每个调查结果也会有些许不同。

据2011年韩国国土海洋部交通研究院调查可知，2010年，上班族平均上班途中所需时间为36.5分钟，而10年前，也就是2000年，当时上班所需时间为37分钟。而最近求职网站"Job Korea"的数据显示（2013年8月），韩国上班族平均上班途中所需时间为53分钟。使用大众交通工具的人（69.1%）需要58分钟能够到达公司，而自驾上班的人（20.8%）需要42分钟，骑自行车或步行上班的人（5.3%）则需要38分钟到达公司。从这些数据可以看出，上班族上班途中至少需要30分钟时间。

每天30分钟！那么一周工作日便是150分钟！一个月是10个小时，一年便是120小时啊！也许你会觉得这微不足道，的确，一个月10个小时并不能说是很多的时间，但每天30分钟可不算少了。一个月10个小时和每天30分钟意义并不一样。例如，某天你花了10个小时来做运动，而这个月剩下的29天不要运动，那么你这10个小时的运动并不会产生什么效果。然而如果你每天运动30分钟，一周运动5次，坚持一个月，虽然总计你依然运动了10个小时，但产生的效果是不同的。也许你会变瘦，或者肌肉变得结实了，这便是这两个概念的不同。

每天30分钟，将会发生令人惊讶的事情

市面上很多书都以"时间"为题，其中，强调"15分钟"这个概念的书多次成为畅销书。为什么是"15分钟"呢？这和每天的时间是有关系的。一天一共有1440分钟，那么一天的1%便可约等于15分钟。因此每天抽出来1%的时间也就是15分钟。在搜索引擎输入关键词"时间（2014年1月）"后，《1分钟经营》等与"1分钟"相关的书有681本，与"15分钟"相关的有247本，与"60分钟"相关的有72本。

虽然说"1分钟"具有极强的煽动性，但时间过短，而60分钟时间又过长。那么剩下只有"15分钟"和"50分钟"了。本书选择了居于二者之间的"30分钟"是有重要原因的。首先，它符合上班族上班途中平均所需时间范围；其次，在上班途中上班族能够集中注意力的时间差不多也就30分钟。这样看来，"15分钟"就太短了，15分钟不足以完成需要完成的事。

那么30分钟就足够了吗？没错，以我的经验，每天30分钟足够了。每天30分钟看起来虽然不长，但每天的积累便能够产生大的变

化，能够让我们的生活和工作变得更丰富和充实。

✛

我一直主张"上班途中打造30分钟奇迹"，所谓"上班途中的30分钟奇迹"，便是工作质量发生变化的前提。以前，上班之路只是从家到公司的一个过程，然而，如果能够改变这个过程，便能够改变工作的品质。

改变上班之路质量的方法在前文我们已经提到过了，那便是让上班时间变得充裕。这是决定一整天工作质量的关键。相同的30分钟，充裕的30分钟和慌张的30分钟是绝对不同的。如果是充裕的30分钟，你可以在这段时间内做很多事情；如果是慌张的30分钟，你就没有时间去思考任何事情，更没有时间去做"心理彩排"，这样就会错过很多机会。从这点上来看，早上早一点起床是必要的，不是抢时间，而是提前做好准备。

我的朋友小C这样说："如果慌慌忙忙地去上班，这一天总会有倒霉事儿发生。"这种情况不仅仅会发生在他身上，相信我们大家都遇到过。但很多人都没有放在心上，仔细观察你会发现，如果某天你很匆忙地去上班，那么这一天有很大概率会发生不好的事。即使没有发生难以解决的问题，这一天也会非常忙乱，发生失误的概率也变得很大。就像第一颗纽扣系错了，后面也会跟着错一样。如果从早上开始就匆匆忙忙，那么你的思维便会失去秩序，接下来一整天你的生活都是没有秩序的，会变得杂乱无章，这也是世界上的神奇法则之一。

让上班前的时间更充裕有很多种方法。单纯从时间上事先准备好再出门是一种方法，还有就是改变上班方式。例如，如果从家到公司的路上非常拥堵，或者你所乘坐的地铁路线是"地狱路线"，那么你就要考虑避开这个时间段了。

乘坐连脚都没地方放的地铁，会让你从早上就开始变得烦躁，绝不可能让你悠闲快乐地享受工作；交通拥堵会让人内心烦躁，一边骂着前面慢腾腾的车，一边骂着信号灯和吹着口哨，轻松去上班的感觉肯定是不同的。和我很熟络的KBS电视台主播L老师，每天享受着骑自行车上下班的闲适。

清晨质量的变化能够带来生活的改变。相同的距离，花费1个小时和花费2个小时自然是不同的。除此之外,早饭如果没有吃好,衣着邋遢,带着发肿的脸去上班,你可以和反过来的情况仔细对比一下。因此,如果你想要成功,就要改变上班前的质量。

想要改变清晨,自然晚上的质量、下班路上的质量、就寝的质量也要改变。早睡才能早起,这也就意味着生活整体都要发生改变。不仅如此,如果改变了上班途中的质量,不仅能够改变你的生活模式,连同你的家人的生活质量也会发生变化。如果你匆匆忙忙地出门,那么在你后面的家人也会变得很慌乱。就像从早上就开始了一场战争一样。这样一来,这一天自然会更容易发生失误,如将重要材料或者手机忘在家里等。

上班途中的改革创造奇迹

"都不知道上班有什么意义,有什么奇迹可谈的?""是不是太夸张了?"也许很多人会这样认为。那么什么是"奇迹"呢?"奇迹",便是无法想象的意外的幸运。

例如，几周前领导交代了某件事，但是由于忙碌却忘记了。那么，就在今天去上班的路上，做一场"心理彩排"吧，如果在"整理内心"的时候能够想起来领导交代的事情，这难道不是"奇迹"吗？

我们每个人不可能同时具有两种生活。最大限度提高上班途中的品质，与凑合着生活会有很大的差异。这个差异会出乎你的意料，这难道不是奇迹吗？

✛

"每天30分钟"，那么为什么非要选择在上班途中呢？白天上班时抽出30分钟，或者下班后的30分钟不可以吗？现在我们来详细分析一下。

第一，做任何事情最重要的是规律。每天我们最固定的时间恐怕就是上班时间了。大部分人都有自己固定的上班习惯和上班时间，每天如此。然而，下班时间却很难固定。你可能会加班，或者同事聚餐，有时会很晚回家。这很难找到规律，也很难预测。因此在上班途中进行"心理彩排"再合适不过了。

　　第二，清晨，大脑最活跃。人类最理想的睡眠时间是晚上11点到第二天早上5点。早上5点起床是最好的。起床一个小时后，即6点到8点是大脑最清醒的时间，这时的注意力和判断力是白天的3倍。睡眠是为了让我们休息，让心情舒畅，因此这时候会有很多思想浮现。这是工作了一天疲惫、烦躁的下班时间所不能相比的。即，上班族早上准备出门上班的时间是大脑活动最活跃的时间。因此，这个期间的30分钟是最好的时间。在这个时间段里，我们可以做一些事情。

　　第三，上班是一天的开始。开始也就意味着需要计划，而这个计划会左右这一天。在上班途中，你不仅可以计划这一天，还可以进行反省。这一天有哪些事是必须做的，需要如何去对待，这一点十分重要。到公司后，你就要马上开始一天的工作，因此，这个时间段做"心理彩排"很重要。所谓"彩排"是指事先对某事做准备，而如果在下班路上，虽然也可以做反省和总结，但那不是"彩排"而是"谢幕"。

✛

　　在大脑最活跃的阶段，有规律地开始新的一天是很有意义的。至今，很多人却并不知道早上上班途中这段时间很珍贵，即使知道也没有放在心上。三分之一（27.4%）的上班族在上班途中"没有任何思考"。

无论如何，一定要利用好上班途中这段时间。这并不属于零星无用的时间。这段时间效率高、影响力大，有利于励志和自我管理。众所周知，提起励志和自我管理，最先想到的是阅读，而实际上，阅读并不是提升自己唯一的方法。（第三、四章将详述）要知道，虽然只有30分钟，但经过日积月累，就能改变你的生活。

7

改变核心习惯

> "习惯，只有细微的习惯才是打败惰性的核心关键词。惰性也是习惯的一种，而打破惰性也是一种习惯。俗语说，聚沙成塔，细小的习惯能够累积成强大的力量。习惯是最重要的，比起远大的计划或战略，细小的行为更能成为谋求变化的原动力。所有的伟大都是通过小事的反复积累实现的。"
>
> ——刘英满

曾在韩国风靡一时的畅销书《先别急着吃棉花糖!》是乔辛·迪·波沙达（Joachim De Posada）和爱伦·辛格（Ellen Singer）于2005年出版的美国励志书。它与普通励志类书籍不同的是，它是以故事的形式展现的。在它之后出现了很多这种形式的书，但是它相当于催化剂。这本书的主要内容是讲20世纪60年代斯坦福大学研究人员以4岁的小朋友们为实验对象，对他们的意志力进行考验的闻名全球的"棉花糖实验"。

改变人生的核心习惯

老师拿出装有1颗棉花糖的盘子，如果现在吃只能吃1颗，如果等老师回来再吃可以吃2颗。然后老师走出房间，将小朋友独自留下。可以想象看着眼前摆着的棉花糖的小朋友们的反应。虽然这个实验听起来不讨人喜欢，但通过这个实验，观察小朋友们的反应，可以研究意志力（自制力）对日后生活的影响。

在15年后，斯坦福大学心理学家米切尔博士与当时参加这个实验的653个孩子再次见面，然后于1981年发布了实验结果。这个实验后来多次被很多书引用。在后来的研究中，研究者发现能为得到奖励而坚持忍耐更长时间的小孩通常具有更好的人生表现，如更好的SAT成绩、教育成就、身体质量指数，以及其他指标。

与意志力相关的著作，还有查尔斯·杜希格（Charles Duhigg）的名著《习惯的力量》，他在这本书中使用了"核心习惯"这个概念。他认为，意志力（自制力）能够决定个人的成功，但最重要的却是"核心习惯"，他说，如果想要改变个人生活习惯，就要改变"核心习惯"。因为"核心习惯"会给我们的生活带来影响。

每个人的"核心习惯"都不同，它可能存在于令人意外的地方。而连锁反应，改变了这个习惯，其他的习惯也会被改变。当然，这有可能是正面的，也有可能是负面的。

对于个人来说，最具代表性的"核心习惯"便是运动。运动不仅是单纯的身体锻炼，还会给生活的方方面面带来影响。据对运动效果的研究得知，每周运动一次，就会给生活带来影响。可以对比一下我们周围坚持运动和每天沉浸在酒中的人，他们的生活、健康会有很大的不同。

当看到"核心习惯"这个词，我眼前一亮。因为这与上班之路息息相关。例如，早上轻松地去上班这便是一种"核心习惯"，仔细观察身边人，爱睡懒觉并经常匆匆忙忙往公司赶的人与每天悠闲地去上班的人在生活的各个方面都有着很大的不同。

查尔斯·杜希格（Charles Duhigg）说过，如果想要改变自己的生活，就要改变"核心习惯"。为了改变我们的生活，就要从起床习惯开始改变。如何让早上出门上班成为良好的习惯，是我们改变生活的核心战略。

习惯的惊人力量

读书或者接受培训能够让我们与伟人们"见面"，当然并不是说像达·芬奇这样的天才，而是我们周围带着热情生活着的那些伟大的人们。如果我们了解了他们的故事，是不是能像他们一样生活呢？

有一次，我在釜山演讲。50分钟后，我决定休息10分钟。这时，有两个二十几岁的年轻女生问了这样的问题：

"博士，昨天演讲的老师说他每天只睡4个小时，每天读一本书，写一篇文章，为出书做准备，每个月给报纸或者杂志写专栏，然后到全国各地，每年做200～300次演讲，这可能吗？"

这两个女生对这个问题非常好奇，从她们提问的真诚可以看出。她们并不是怀疑那位做演讲的老师，而是对如何像拥有超能力一样把时间安排得如此紧凑感到好奇。我笑了。我用仅仅她们能听到的声音，像怕泄露天机似的对她们说道：

"他说谎了。"

女生惊讶地瞪大眼睛，瞠目结舌，为了让她们更失望，我又补充道：

"开玩笑的，虽然也是有可能的，但是一年365天都那样的话会死的。"

听我说完，她们恍然大悟，异口同声说道：

"对呀！"

✚

　　我告诉她们"他说谎了"，让她们心里更舒适了，但事实上，在我们周围拥有如此超能力的人是存在的。曾经给过我很多帮助的汉阳大学刘英满教授便是其中之一。很多人都读过他写的书。我们来看看他的日程安排。

　　明天上午没有特别的安排，会一直写东西到很晚，一般凌晨2～3点睡觉，早上6～8点起床去做运动（一共睡4个小时左右）。没有喝很多酒，趁着清醒还没有犯困之前一定要开始写。

　　如果当天没有约会，便会一直在研究室里读书、写文章。每天到研究室后，先喝一杯浓缩咖啡，然后安排一整天的日程。打开电子邮箱，先回复较急的邮件。然后上网搜索一下跟自己相关的报道，接着去博客和Facebook去看读者的留言。

　　查看推特转发的文章，将寻找到的灵感保存下来，用Powerpoint整理下来备用。上午，可以随便看看报纸、杂志、书，或者网络资料等，寻找文字灵感。中午有个约会，要和朋友一起吃午饭。吃过午饭后，继续看书写文章。读书是灵感的来源。

每周要去一次书店，看看最新出版的书籍。周末会稍微晚一点起床，吃了早午餐后看一场早场电影，每周尽量要和妻子看一场电影。周六一般不会有什么安排，因此会集中精力看书写文章。去研究室主要是读报纸，做剪报，还要读最新的书评，当然也不能漏掉买书。并且还要为下一周的演讲做准备，还要抽出时间准备演讲资料。

✚

索性我们再来看看在年轻人中非常有人气的"乡村医生"朴京哲的日程安排吧。

他的笔名是"乡村医生"，是有名的股市专家。他每天早上有2个小时的电台节目，每周有一次电视台节目，还是报纸、杂志等15个固定专栏的专栏作家。他每个月到全国各地去做30多场演讲，每个周六还要到医院接受诊疗，同时每年还会出1～2本书，可以说，他就像超人一般。

他灵活运用一天的24个小时，他最讨厌的就是"没有时间"这样的话。

"从2000年0点开始，我戒掉了几件事，酒、烟、高尔夫、赌博。赌博是不正当的行为，而戒掉烟、酒和高尔夫，可以省下很多的时间。电视我原本就不看，那么节省下来的时间，便可以用来读书写文章。我给自己订下的目标是每年10月出一本书，因此每天要写4000～6000字。

✝

比较上面两个人的日程安排，真是旗鼓相当。虽然与他们有着些许不同，但我还要介绍一个人。这个人给过我很多帮助，在报纸上看到关于他的事情，我很受启发。

昨天穿过的衣服今天不再穿，不会和同一个人连续吃两顿饭，每天凌晨洗澡，每周都要理发，这可不是新年安排，这是釜山东西大学金大石教授坚持了20年的生活原则。金教授的手机里存了4万个电话号码，他连续20年，每天最多只睡4个小时。他每年仅仅日记便写了

30本，文章200多篇，每天平均通话300通。如果哪天他晚上12点之前
到家，他的夫人便会很吃惊地问他："怎么了，你哪里不舒服吗？"

是不是会觉得他们都不是"人类"，而是"超人"。会有人认为
他们这不是生活，你可能会和前面那两个女生有着相同的疑问。其实
这样的人比我们预想的要多。

让充满激情地生活变成一种习惯

经常会有人问我，怎样一边工作一边写出40本书，他们也会觉得
我与前面例子中的人"势均力敌"，其实我没有他们那么多激情，也
不是"超人"。我没有像他们那样生活的自信，也没有那样的体力，
也不想过那样的生活。我认为没有那样做的必要，盲目地模仿他人只
会适得其反。

我虽然生活得很舒适，但我也生活得很努力，如果变成一种习
惯，便不会感到特别的不便。看到前文提到那些人，他们并不认为自
己生活得不舒适。身边的人也许认为他们很辛苦，但实际并非如此。

他们反而认为自己很幸福。

他们形成了一个习惯的周期。

这是为什么呢？这便是习惯的力量。他们并不是从一开始就这样的。我也不是从一开始就喜欢写书的，而是很痛苦的写。他们努力将那些行为变成习惯，渐渐地也对那些事情有了激情。从结果来看，他们是享受着他们自己的生活方式的，并为此感到幸福。习惯发挥了令人惊人的力量。

＋

我29岁开始写书，最开始并没有想过写这么多书。我认为写一本与工作相关的书是件好事，就是带着这样单纯的想法和希望开始写书。出第一本书的时候，我感觉特别累，不想再写书。（当时还不是用电脑写作）然而8个月的时间，我写了1200多张稿纸，这也成了我的习惯。有一个理论说，一种行为成为习惯需要66天。结果，我养成了写作的习惯。最终成了我的"核心习惯"。第一本书出版以后，我又整理了一些资料，并在这个过程中找到了真正的自己。成为习惯后，我便中了写作的"毒"。平时工作那么忙，怎么会有时间写作呢？没有做过的人会非常好奇，但养成了习惯的人便会很容易理解。

最大限度地利用星期六和星期日是自然的，平时的零碎时间也要利用起来，用来写作。和朋友打牌的时间节省下来，看电视剧的时候遇到灵感，或者在梦中收集到灵感，马上起来揉揉眼睛，将灵感整理到电脑上。甚至每天像写日记一样写作。

那时我在江原道农协担任本部长，当时某机关干部因为酗酒受到了严厉的惩处。农协是韩国的金融机构，主要负责存款和贷款，为了促进业务，本部长几乎整日在酒桌上。

渐渐地，喝酒成了他的一个习惯，如果某天没有应酬，他甚至会感到失落。他喝的酒多得无法想象，终于有一天他喝到"断片"，早上起床脑袋一片空白，一年365天每天浸在酒中也是难免的。

一天，我喝多了，妻子和孩子在首尔，我一个人在春川家里睡觉，睡着睡着突然感到胃痛，我起床喝水的时候，看到书房，吓了一跳。打印机打印了两页纸出来，难道昨天晚上我醉成那样还写了文章？可是我不记得自己碰过电脑啊，从内容上看，是我从春川到江陵出差路上得到的灵感。这如果不是习惯的力量还能是什么呢？

✝

查尔斯·杜希格说："虽然我们的行为是受意识决定，但经过一段时间后，即使不用思考也会做出反复的行为。"我们每天的行为大部分都不是受意识支配的，而是习惯。因此，好的习惯有助于人生发展良性的循环，而不好的习惯，即使只是一个，也会成为你的绊脚石。

反复的行为产生戏剧性的变化，习惯不仅是单纯的反复，而是逐渐扩大的再生影响，仿佛一种"中毒"现象。单纯的行为模式成为习惯，这种渴望和热情让身体不再感到困难。身体能够感受到神奇的快感。首先要从上班途中开始改变我们的"核心习惯"。

8

小差别创造大奇迹

《从优秀到卓越》的作者柯林斯（Jim Collins）曾说过："比起一次大成功，持续的小行为更能决定伟大。"不仅是小的行为，小的思考也能够创造奇迹。在早上上班途中，对我们的思想和行为进行一次反省吧，然后创造出不同吧。

你读这本书的时候，首先脱离你自己，先把你的意识放在房间角落里，通过心中的"眼睛"来读这本书，然后俯瞰自己，努力看清自己。现在就好像你已经变成了别人，你能够看到自己吗？

史蒂芬·柯维（Stephen Covey）在他著名的著作《高效能人士的

七个习惯》中，提出"要客观看待自己"。只有能够客观看待自己，才是人类最特别的特征。这也是人类发展进程的动力。

　　乘坐地铁或者公交，或者在办公室里，透过窗户会看到自己的样子。这时，你可以把窗户当作镜子来反观自己。如史蒂芬·柯维所说，要离开自己来看自己。好像自己是另外一个人，然后反过来看自己。这样才能够冷静、客观地评价自己。

每天早上的"照镜子仪式"

　　每天准备上班前，几乎每个人都有照镜子的习惯，甚至在乘坐电梯的时候，很多人也会照镜子。站在镜子前面就会摆个Pose，这几乎是无意识的。照镜子的目的往往是检查自己的妆容、领带、衣着等。

　　照镜子的行为，并不仅仅是看自己的样貌。镜子是很奇妙的，不仅能够原封不动地反射出我们的样貌，还能够展示我们现在的状态的。

因此，镜子除了用来检查外在，还能创造一个打造新的自我的机会。克劳德·M.布里斯托（Claude Bristol）在其著作《信念的魔力》中就曾介绍过"镜子技术"，所谓"镜子技术"，是指在镜子面前照镜子的同时，训练自己成为自己想成为的样子。

人们在照镜子的时候会笑，甚至会做鬼脸。这便是不知不觉间的自我形象训练。这种自我形象训练会给我们的潜意识带来影响，从而改造自己。如果到目前为止，你在照镜子的时候没有任何想法，那么从现在开始，利用这短短的时间，做一个自我形象训练"仪式"吧，也就是说带有目的性地照镜子，这也就是布里斯托所讲的要领。

1.站立在镜子前面。镜子不能太小，最小程度也要能够照到上半身。

2.站直，挺胸收腹，正视前方。

3.微笑，让自己容光焕发。

4.注视自己的眼睛，说出能够提升自信的语言，如"你一定能够做到""今天你会过得很快乐""你是最棒的"等。

5.每天照两次镜子，早上一次，晚上下班后再照一次。

这样照镜子，能够唤醒另一个自己。另外，这样做能够给自己留下深刻的印象，坚定自己的信念，除此之外还能够提升对自我价值的认知和对自己才能的自信感。

✛

《福布斯》杂志曾对500名学生、教授、企业家等从事各种职业的人进行调查，得出了"13个阻挡你成功的你正拥有的小习惯"。所谓的"小习惯"是非常有趣的，从内容上来看，的确是"小习惯"，第一个便是"拼写错误"，虽然感到很意外，但却很值得玩味。虽然这些习惯很小，但如果习以为常，那么也将是致命的。

其余的便是光说不做、草率做决定、埋怨与牢骚、说大话、推卸责任、投机取巧、假装很有热情、没有目标、别人的请求全部答应、把人生想得特别简单、不思考便行动、说空话。这些"阻碍成功的习惯"，反过来说便是"如果想要成功就要克服的小习惯"。《福布斯》说"小习惯成为阻挡成功的大障碍令人惊讶"，其实，不是"令人惊讶"而是"理所当然"。

同样的道理，同样的理由，在上班途中的小习惯，也会带来大的差异。并不是一个小习惯带来的大结果，而是日积月累的小习惯，最终导致了"大结果""致命的结果"。

每个早上照镜子是非常小的习惯，照一次镜子，果然会产生不同，然而就像大家经常说"想要变漂亮，就要经常照镜子"，小的反复性行为，会将事实引向自己期待的方向。细小的习惯，日后将会带来大的结果。

小的事物日积月累，就能够铸就"伟大"

你知道"美浓纸"吗？在做演讲的时候，我问过这个问题，年轻人们默不作答。这是一种用构树皮做成的非常薄的纸。它是日本岐阜县美浓的特产，因此取名为"美浓纸"。"美浓纸"，白色、半透明，我刚进入职场的时候，在银行做支票，复印材料的时候是垫着"墨纸"来写字的，另外，在民俗游戏工具"毽子"中也有用到。总之，这是一种极薄的纸，哪怕只是一滴水，它也会立刻烂掉。你可能会感到疑惑，我为什么会花如此长的篇幅来讲"美浓纸"，因为一定要了解这些，才能明白我接下来要讲的。

　　我在农协工作的时候，学习过"手指针"，不是为了健康，而是为了工作。因为我认为农协职员要和农民们多亲近，学习"手指针"是十分必要的。农民们总是会有各种大大小小的病，因此，如果学会了"手指针"，便有机会与他们多亲近。我起初学习"手指针"，是跟着柳泰佑老师，直到现在还有句话刻在我脑中。他每天扎"手指针"，做艾灸，他是这样说的：

　　"你看美浓纸，非常薄，很容易破掉，然而将美浓纸一层一层叠在一起，成一本书的厚度的话，连用手撕都撕不开，恐怕连子弹都穿不透。同样的，扎'手指针'和做艾灸，如果只做一次，是没有什么效果的，但如果长期坚持，将会对健康起到难以想象的效果。"关于"手指针"我已经忘得差不多了，然而，老师的话却深深印在我的脑海里。小的事物日积月累将会创造大的奇迹。

✦

　　今天在上班途中，多留心镜子吧。路过车子的车窗、建筑物的玻璃窗也可以，然后思考一下，会产生什么样的变化。比较一下在公司如鱼得水的人和落魄的人，他们并没有什么大的区别，而是小的差异导致的不同结果。今天你做出的小不同，将会产生生活中伟大的结果。

9

"反复法则"是心理彩排的关键

"对于创造性工作的机械性反复，很多人认为是傻瓜行为，实际上并非如此。反复性是一种魔法，仿佛是丛林深处传来的鼓声的回音。"

——村上春树

村上春树，以《1Q84》《挪威的森林》等畅销书名声大震。他是诺贝尔文学奖最有力的候选人，是备受全世界读者喜爱的作家。他的经历有点特别。他在29岁的时候，在看一场棒球比赛时偶然下决心要当一名小说家。他的第一部小说《且听风吟》，是在1978年东京养乐多燕子队和卡普里莱斯广岛队的比赛中外国选手大卫·希尔顿进球的瞬间，使他萌发了要写小说的念头（这本身也是小说）。

　　在这之前，他没有写过小说，而是一个每天13个小时都在进行体力劳动的平凡的爵士咖啡厅的主人，当时，他甚至连小说的写法都不知道。写小说会有怎样的未来也不知道，只是喜欢，然后每天开始写一点。就这样，他坚持写了30年，一天都不曾懈怠。

　　他每天凌晨4点起床，然后直接到书桌前去写作。他每天坚持写20张稿纸，一直写到上午10点。然后他会去跑步10千米，再游一个小时泳。（有时也会做些别的事情，但大致每天的行程没有太大的变化）

　　年轻的时候，曾是个烟鬼的他在过了60岁后，成了跑完马拉松全程的选手。这是因为他的体力也如艺术一样重要的信念。事实证明，作家、音乐家、科学家等长时间精力投入的人中，患有精神疾病或早逝的人很多。对于这些人来讲，规则的运动是最重要的，同时也是一个好习惯。他曾经在2004年"巴黎评论"采访时这样说：

　　"我的这个习惯并没有每天都带来变化，要反复。可见，反复是重要的。反复是一种催眠，反复的过程中，我就好像被催眠了一样，进入了更深远的状态。"

作家全喜静在自己的著作《村上春树风格》中这样写道：

"创造力和想象力不是从求异中来，而是每天有规律地重复自己喜欢的某种事的力量，始于对那件事真正快乐的态度。村上春树的创造力，是从下雨或下雪、每天跑步、在日本或在国外，每天反复认真的写作中而来的。"

漫长的反复打造达人

从村上春树的行为来看，反复是努力的另一种表现方式。反复是漫长的，克服了漫长的反复行为便到达了一定境界。这时便能够创造奇迹了。

提起"反复"，脑中会想起在电视上看到过的"生活达人"。看完那个节目，才知道世界上存在着各种各样的达人。节目中出现的人并不是与众不同的人，而是就在我们周围的上班族。他们成为达人的方法其实很简单，那就是"反复"，从中便可以看出反复的力量。

德国的丹尼尔·列维京博士曾说过，无论哪个领域，只要肯投入1万个小时去钻研，任何人都能够成为那个领域的专家，并将这个理论起名为"1万小时法则"。每天1个小时，累积1万个小时以后，情况就会发生不同。而"1万小时法则"其实就是"反复法则"。但是，反复并不是单纯的重复，而是经过思考而进行的反复行为，只有这种反复，才能够成为创意达人。

看看我们周围那些在某个领域做得很出色的人们，你会发现，他们都适用于"反复法则"和"达人法则"。你想成为什么？想站在山顶吗？想成为达人吗？那么就要相信反复的力量。

✢

"他拉琴的时候，仿佛把灵魂卖给了魔鬼"，这位被称为"小提琴魔鬼"的意大利著名天才艺术家尼科罗·帕格尼尼，对自己的绝妙极限技巧，是这样说的："我练习了上千遍，人们才叫我天才。"

量的反复积累，必然会造成质的改变。虽然反复会导致疲劳，但也是成就一个人的灵丹妙药。成功的最大秘诀就是如此简单。

用反复突破极限

上班便是我们生活中无限的反复行为。为了能够最大限度发挥反复的力量，我们就需要准备一个"仪式"。通过"仪式"创造一个有意义的上班之路。悠闲地开始新的一天，睁开眼睛后对自己说正面的话，对着镜子进行自我形象训练，冥想并整理心绪等好习惯，也就是"心理彩排"，能够重塑我们的上班之路。

日常生活中那些看起来小的反复实际作用并不小。他们往往有着大的差异。上班的路上看起来是一种单调的反复，但对我们来说，实际上是一种有意义的存在。在上班途中进行自我管理，就是一种"革命"，不久之后，你会发现你的人生发生了巨大的变化。请相信反复的力量。

"从一方面关注，并倾尽全力，那你就能逐渐深入了解别人所不知道的世界。熟能生巧，反复的练习，这股力量能够让你到达新的境界。反复也能够让你突破自己的极限。"

——智光法师

10

上班途中应该有的习惯

成功和失败，幸福和不幸，其实只有1%的差异。这1%的差异，北京大学精细化管理研究中心的汪中求称之为"细节的力量"。如果改变了那1%的差异，就能够改变世界，创造奇迹。更重要的是，99%的是观念，而那1%是实践。小实践的反复，即小习惯成就大力量。从今天开始，养成那1%的小习惯吧。从最容易做的开始做起吧，你的选择会造成大的差异。

威廉·詹姆士，美国心理学家、哲学家，著名小说家亨利·詹姆斯的哥哥，他爷爷留给他巨额遗产，让他能够一直做研究工作，他也因此成了近代心理学的创始人。对于众多上班族而言，对他最熟悉的恐怕就是他的"语录"了。

"播下一个行动，收获一种习惯；播下一种习惯，收获一种性格；播下一种性格，收获一种命运。"这句话耳熟能详，其中便是"习惯"。"我们的生活是由习惯组成的，实用、感性、智力性的习惯，决定着我们的幸福和悲伤，不管我们原本的命运是怎样的，它就会指引着我们到另一个方向。"他主张"秩序的习惯化"。

有趣的是，虽然很多人认为威廉·詹姆士秩序井然，是个严谨的人，但实际上他并没有有规律的生活。他倡导的秩序习惯化，有利于自我反省。他认为，我们决心想成为怎样的人，就要去改变，并带着坚定的信念。把这种坚信变成习惯十分重要。我们可以把他的理论比喻成水，如果你挖一道水沟，那么这个水沟会随着时间渐渐变宽、变深，习惯也是如此。

养成新习惯

养成一个新的习惯，需要多久时间呢？由于人不同、行为不同，所需要的时间也是不同的。然而，最常见的理论是"21日论"和"66日论"。美国整形科专家麦克斯威尔·马尔茨（Maxwell Maltz）便主张"21日论"，马尔茨可以说是"意象训练"的始祖。作为整形科医生的他，通过整形手术改善"自我形象"而给成功带来的影响，一跃成为世界性名词。

他的著作《心理控制术：改变自我意象，改变你的人生》自1960年上市后，销量超过了3000万册，成了最伟大的励志书作家之一。他的书被称作经典，甚至评价他的作品是戴尔·卡耐基和拿破仑·希尔的综合体。他的"心理控制术"——意象训练，被广泛应用于体育、商业圈内。

他以接受过手术的患者为观察对象，发现一个习惯的养成需要21天，即接受四肢截肢手术的患者，适应身体变化需要21天时间，接受整形手术的患者也是如此。患者适应发生变化的外貌，恢复到之前的心理状态，大概需要21天时间。我们的大脑对于陌生的事物会产生恐惧和抗拒，但是经过一段时间的反复以后，大脑会在结构和机能上发生改变，消除抗拒。他认为，改变左右脑回路，让其自然而然接受改变，至少需要21天时间。

＋

最近还有一种说法是，一个习惯的形成需要66天。这是由英国伦敦大学简·沃德尔（Jane Wardle）提出的。根据《欧洲社会心理学》期刊，以96人为研究对象，相同的行为，要经过怎样的反复过程，才能够产生自然的反射行为，成为一种习惯。研究人员在12周期间，中午吃一块水果，喝一杯水，晚饭前做15分钟跳跃运动，每天反复如此。

研究人员想要测试人们每天在进行任务时，是有意识的还是无意识的。结果得出，要经过大概66天，人们才会将有意识的行为变成无意识的行为，也就是习惯。越是复杂的行为，所需要的时间便越久。例如，运动的习惯，相比饮食习惯所需要的时间要久一些。

当然，养成习惯的时间也会随着参与者的心态不同而不同。想要养成早餐后饮一杯水的习惯的人，只需要20天时间，想要养成午餐时吃一块水果的习惯的人，则需要2倍的时间。

运动习惯需要更久的时间来养成，想要养成"早晨起来，喝一杯咖啡，然后做50次仰卧起坐"习惯的人，经过了84天，仍然没有成功，而想要养成"早饭后散步10分钟"习惯的人，经过了50天成功养成。因此简·沃德尔教授得出结论："虽然每个人会有细微差别，但平均66天时间反复某种行为，便会形成一种习惯性行为。"

✛

我们想要养成某种习惯的时候，经常是"三天打鱼两天晒网"，最终导致想法泡汤。如果说，养成一种习惯需要21天，那么我们经历7次"三天打鱼两天晒网"，如果你认为养成一种习惯需要66天，就会经历22次"三天打鱼两天晒网"，这样，我们想要养成的习惯才能够成功养成。

重要的是，习惯的形成要花费几天的时间。如威廉·詹姆士所说，习惯能够改变命运，即使要花费几个月的时间，也要坚持不懈地为养成好习惯而努力。但并不是伟大的习惯才能改变命运，细小的习惯也能够改变你的命运，因此，仔细想想，在早上上班途中应该养成什么习惯吧！

"新的习惯在你的生活中扎根之前，别把它当成特例。

——威廉·詹姆士

我们需要新的习惯

先看看我们都有什么习惯。早上上班途中，要摒弃那些不好的习惯，短的话需要21天，长的话需要66天，当然也有可能花费更多的时间，那些细小的习惯的变化，也将会给生活带来变化。改变上班途中的习惯并非像海军陆战队训练那样难，只要努力一点，承受一点困难便能够做到。

当然，改变自己的习惯却也不那么容易，例如，对于爱睡懒觉的人来说，让他们养成早起的习惯，也许会和海军陆战队训练一样痛苦。然而，这是一定要做的。如果你想让你的工作和生活发生奇迹的话。

每个人都有很多必须要改的习惯，并且每个人都有所不同。首先，便是轻松地做上班准备。这一点是绝对能够改变你的职场生活的。想要做到这一点，自然要早起，"相对的"早起。

澳大利亚著名精神科医生克莱·维克斯曾说："要关注早上睁开眼睛这件事。这一瞬间是一天中最重要的阶段。"因此，专家们都提倡早上眼睛睁开后，不要迟疑，立刻起床。所谓"不要迟疑，立刻起床"是说当我们早上醒来，睁开眼睛要面对现实的时候，本能地会有些不安和恐惧，所以说，不能给自己产生这种感情的机会，要尽快起床。

这便是"先发制人"，如果拖延时间，很可能再次入睡，所以要快速起床。然而，每个人的情况也有所不同。

L小姐早上起床总是会赖床，美其名曰在做"懒人操"，所谓"懒人操"，就是躺在床上，花15分钟来舒展身体，然后再坐起来坐15分钟，用30分钟左右的时间来做身体的"伸展运动"，然后再开始新的一天，她认为刚刚睡醒就立刻起床反而对身体不好。

虽然她称为"懒人操"，但真正的懒人恐怕做不到，这只是她的舒缓方式。所以说，根据每个人的具体情况，只要能够保证自己的清晨足够舒缓就可以。

＋

除此之外，上班途中也要养成一些良好习惯，其中最重要的只有一点。我们上班时，走出家门最先面对的便是电梯。在乘坐电梯下楼时会遇到很多人，这时要养成打招呼的好习惯。

很多人可能会觉得这也有必要在书里提出来吗，"问候"并不是幼儿园小朋友认为的那种，而是衡量一个人风度的标准。

在我以前居住的公寓里，就有这样一些人。其中有一个人，他以前是当官的，后来隐退了，因此他很受瞩目。但他从来不和别人打招呼，也不接受别人的问候。在电梯的狭小空间里看到他的时候，我都感到丢人。可以想象他在职的时候多么趾高气昂，这样的人怎么可能做出大成绩。

另外一个人是个年轻女孩。这个女孩也是如此，完全一副刻薄嘴脸。绝对不会先和别人打招呼，她的父母很亲切，平易近人，而她却像"变异"了一样。正因为她，她的父母也经常被人指责。可以想象这个女孩在职场上的状况，连邻居的称赞都得不到的人，在公司恐怕也很难受到赞扬。

尝试着在电梯里和他人打个招呼吧，还要记得带着微笑。这才是开始新的一天的"仪式"，一个最基础的"仪式"。平时的"问候"习惯与职场有着密切的关系。

> "彬彬有礼的举止，仅仅这一点就能够收获他人的爱，谦逊地弯下腰能让你变得高贵。"
>
> ——巴尔塔萨·葛雷辛（西班牙作家）

CHAPTER 3

用"心理彩排"
清理内心

　　随着科技发展，现在"低头族"十分盛行。所谓"低头族"是指那些在地铁或者公交上低头玩手机或平板电脑的人。据调查，早上上班途中，有56.8%的人属于"低头族"，11.9%的人在睡觉。

11

"思考"是心理彩排的重头戏

今天，我们应该怎样去上班？我们应该在这个时间段思考些什么？《朝鲜日报》记者在他的专栏中曾这样描述过上班途中地铁里的风景。比较《局外人》作者加缪所说的，二十几岁的人，他们大都在为自己的生活存在怎样的价值而苦恼。

今天我乘坐地铁上班，正在为生命价值所苦恼的那些人，几乎都在低头玩手机。大学生们大都在玩游戏，上班族们则迷恋于各种综艺节目，像传染一样，几乎人人如此。我们活着是为了什么，没有人在问自己这种问题。

在智能科技时代，我们变得更加忙碌。与没有手机时代的我们的生活相比，如今我们的生活不知道复杂了多少。原始成了单纯的，文明却成了相悖的。这不得不说是一种讽刺。为了我们能够生活得更加便利而出现的手机反而把我们的生活变得更复杂、更忙碌。

这种时代变化，既是一种流行，也是一种趋势。最近几年，还涌现了很多象征这一时代的词汇，如乐活、梦想、疗愈。无论发生什么事情都健康生活，按时吃饭的"乐活"风靡一时，然后又开始流行追求"梦想"，接着因为追求梦想而心力交瘁，又因此流行起来"疗愈"风。

《因为痛所以叫青春》《动摇1000次才能算大人》（金兰都）便是在年轻人中人气很高的疗愈系作品。《人生那么长，停一下又何妨》（慧敏大师）也是治愈系的。这些作品之所以获得了高人气，也是因为曾经疯狂追求梦想的人，为了追求更好的生活导致身心疲惫日益增多。不知不觉中，需要接受"治疗"的人就开始增多了。

如履薄冰的生活

电视综艺节目亦是一种疗愈。在出版界，以疗愈为主题的书籍也开始畅销，一时间，疗愈旅行、疗愈音乐、疗愈幽默、疗愈育儿、疗愈寓言等一大推打着"疗愈"名字的事物横空出世。

其实，乐活、梦想、疗愈，这种种都是好的。每每在脑中浮现，都会让内心变得平和，仿佛起到了镇静剂的作用。

然而，当现实打破幻想，温暖的被窝与上班形成鲜明的对比，仿佛要去上战场。甚至只要做错一点，就可能掉下悬崖。不但不是疗愈，反而是一种伤害。

✝

早上上班途中，就好像一场战争，忙忙碌碌的人们，像要去参战一样，为了赶公交一路奔跑，为了能够挤进地铁也是拼尽全力。

以这样的状态上班会有怎样的结果呢？每天挂着工牌，坐在隔断间里，看起来似乎过得不错，但实际上却带着极大的压力。这已经很难以忍受了，如果再加上一个难以相处的上司，这就更可怕了。在处理工作的时候，混乱中可能会出现失误，以至于给我们的职场生活重重一击，也有可能遇到某个人，导致我们的生活变得一团乱麻。

几年前，曾有一个有头有脸的人留下一句"被恶魔的陷阱套住了"的话便遗憾地离世了。像成功人士那样有着广泛的人脉，能够获得他人的帮助，这也是一种祸根，四处都潜伏着危险。

如果心不在焉地生活，仿佛就没有什么害怕的，如果想得太多，就会每天都胆战心惊，充满不安。

从新闻上经常能看到一些难以理解的事情。似乎没有一天这个世界是安静的，总会发生一些事件，很多的事件都是意外的。

用"思考"武装我们的上班之路

如果遇到这些意外我们要怎么做？逃避？慌张面对？埋怨？退缩？这时候最重要的是要找准自己的重心，先要冷静下来，不能忙乱，只有生活的秩序井然，生活才会井然。

我们究竟应该怎么做呢？即使为了追求梦想或者乐活、疗愈，也没必要去研究新的方法。我最先想到就是"上班途中"，时间虽然短，但却是每天都在重复的事。

对于所有上班族而言，每天重复的上班之路，这段时间有必要好好利用。如何利用便是本书要讲的重点。

如何能够让自己在这个复杂的世界上不受伤害地生活呢？如何在危险中保护自己呢？那便是让自己冷静下来，世界越是复杂，越是要让自己平静。

我将其总结为"thinking"，直译的话是"思考"的意思，但"thinking"并不只是"思考"的意思，更是"有计划地思考""深刻地思考"，虽然说"行动才是王道"，但德鲁克曾说过"没有思想的行动是通往失败的捷径"。也就是说，为了不失败，首先要整理自己的内心和思想。

法国哲学家笛卡儿曾说："我会思考，因为我是存在的。"只有整理好我们的内心，我们才能减少伤害。

✝

上班途中"思考"？怎么会那么悠闲？难道不知道地铁里的"惨

不忍睹"吗？很多人会这样认为。差一点就错过公交车，怎么可能还"有计划地思考""深刻地思考"？然而，所有的事情都取决于心态和思想。

想要做的事情没有做不成的。这样的状况下更加需要"thinking"。只有将他人觉得困难的事情做好，才能创造奇迹。《Think harder》作者黄农文教授的"20分钟思考"理论则劝导大家要好好利用上班途中的时间。这和我的观点是相同的。如果将自己要面对的问题，利用20分钟仔细思考，那么上班途中的这段时间就会变成全天最有效率的时间了。

12

"心理彩排"清除杂念

✛

　　美国有名的心理学家沙德·黑尔姆施泰特（Shad Helmstetter）和他的学生们投入了很多精力研究对"人们每天都想些什么"。结果得出，除了深睡眠时间，大约20个小时时间内，人们要做5万~6万次思考。那么平均到1分钟，就是40~50次。平均1~2秒就要思考1次。通过这样的计算，可以得出我们生活中的每个瞬间，其实都在思考。

　　但是，还有一件值得推敲的事情，即每天思考5万次，每个月就要思考150万次。但是从常识上来看，不管是一个月还是一年，我们的思考都不会脱离这5万次的范畴。我们思考的这5万次，除去重复的，还会减少。根据我们平时的经验也确实如此。

内心的力量，精神的神力

在我们思考的这5万件事中，有85%都是负面的。其中60%是昨天担忧过的事情，用一句话说，我们思考的大都是无用的事情。也就是说，我们的5万次思考都是"杂念"。

从现在开始，通过上班途中的"思考"，将杂念扫除，便是"上班途中thinking"的核心。也就是要赶走内心那些负面的想法。剔除充斥大脑的无意义的想法，让内心保持整洁，充满正面想法。

✛

所谓"精神一到，何事不成"，也就是说，当我们将精神聚集在一处，就没有无法实现的事情。由此，先人们发现了"冥想"。

有很多书都在写内心的力量、精神的神力，从美国心理学家马丁·塞利格曼（Martin Seligman）创立"积极心理学"，到澳大利亚的电视制片人朗达·拜恩（Rhonda Byrne）的《秘密》，其核心都是内心的力量、精神的神力。其中，韩国畅销书《watching》《心无旁骛才能收获》也针对这个理论进行了再次论证。

读完这些书，内心便会产生一种神秘的气氛。因为对于自己下怎样的决心，所改变的事情也会不同。让世界变成自己期盼的样子是这些书共同的观点。读了这些书，我才知道，冥想或者深刻思考有多么重要。我们举一个这些书中的案例。

有一个女生，被称为"四冠王"，因为她同时患有高血压、糖尿病、高血脂、肝病。她担心如果怀孕会带给胎儿影响，为此精神科医生给她下了处方笺。

"如果清空你的内心，病就会痊愈了，想象一下，在你头部上方30厘米处有一道白光，这道白光将会把你脑中和身体中所有的负面想法全部吸走，想象一些，现在那些负面想法已经和那道白光一起消失了。"

她每天都按照医生交代的做，并不是什么难做的事。在家的时候闭上眼睛做，在地铁上便睁着眼睛做。有时候几分钟，有时候几秒钟。几个月后，在复查的时候，发现她的血糖值和血压值竟都恢复正常了。

这真是令人惊讶。当然，如果每个人都这样，那么医生恐怕就没有存在的意义了。有时，内心的力量和精神的"神力"会起到重要的作用。

✝

在上班途中，最先做的应该是心灵控制。心灵控制，并不是什么大不了的事情。改变思想就能够改变内心。年轻的时候，我在上班途中，为了克服困难，我便尝试改变自己的想法，结果也真的发生了变化。

乘坐地铁上班是件非常痛苦的事。我所在的公司在郊区，所以我每天要花费1个半小时在路上，先是乘坐公交，然后再换乘地铁。我住的小区刚好位于地铁高峰地段，拥挤程度可以用"残酷"来形容。在地铁里，手抓着扶手，脚几乎被挤到抽筋，有时候腰也会被挤伤，甚至晕眩。混乱之中，还要担心小偷，时刻警惕自己的钱包。皮鞋被踩是再平常不过的事，如果碰上下雨天，湿漉漉的雨伞更是要小心，那时，便会更烦躁。好不容易到站了，从地铁车厢里挤出来，就像从桑拿房里出来一样，这不仅是上班，更是一场战争。然而，时间久了，就成了"身经百战"的老将，即使挤得像豆芽菜似的依然能够睡着。为了不让自己变成一个战士，我便想到了一个办法来改变自己的内心。

我决定不把乘坐地铁当作地狱，而是去享受它。刚好我总担心自己运动量不足，挤地铁也是一种高强度训练运动。手抓着扶手，就当成是臂部运动，脚部抬起放下，便当作双脚运动。被人挤来挤去的时候，我告诉自己"我很开心，我很好"，就好像在念咒语，甚至把自己当成是微服私访，体察民情的高官，享受被人拥戴的那一瞬间。从这时起，在地铁里的时间变得不那么煎熬。世间万事，只要下定决心，就一定会发生改变。

这段文字是我在1990写的书《不懂女人》中的内容。虽然时间已经过去了20多年，但那时的上班之路与现在却并没分别。

一切由心造，改变想法

虽然，众所周知，我们应该有规律地做运动，但很多时候时间和精力却又不允许。我对我的授课日程按排并不满意，有时候要很早去上课，有时则要在深夜上课，总是要面对陌生的听众，每当这时，还要想尽办法让授课内容有针对性。然而，在上课之前，还是会很紧张。这与学校的教授是有区别的。

另外，写书也不是简单的事情。写书要花费很多时间，要投入很多精力。早上睁开眼睛，一旦有了好的灵感，因为担心很快忘记，便赶紧打开电脑记录下来。坐下后，便一直写到了下午两三点，这种情况发生过不止一两次。这时便基本没有运动时间，因为这样或那样的事情总是会错过运动的机会。

没办法规律运动的担忧让我也产生了压力，我决定改变想法。不再特意留出时间去做运动，而是在日常生活中来做身体管理。从这时开始，我给自己制定了几个原则：第一，尽可能多走路；第二，在地铁上绝对不坐座位；第三，在上班途中，见到台阶就爬。

从此我真的走了很多路，从家到书店的40分钟也是靠走路来完成。另外，在地铁上，为了不坐下，便一直站在老弱病残孕座位旁边（译者注：韩国有老弱病残孕专座，非老弱病残孕不能坐），因为如果在普通座位旁边，遇到有人下车便会忍不住坐下。然后在上班途中，遇到台阶和电梯，一定要选择台阶。

　　这其实并不难，而且还是很快乐的事。去往自己想去的目的地需要20~30分钟的时候，可以让内心变得平静。遇到台阶便会很高兴，因为终于有了运动的机会，也有了整理思绪的时间。虽然时间很短，但是却足以反思自己平时的言行。这才是真正的"一切由心造"。

13

思考有度，不能想得太多

"对于能够解决的问题，没有担忧的必要；对于无法解决的问题，担忧也没用。"

——中国格言

一位独自旅行的老人，晚上投宿在一家酒店。他坐到床上，脱掉了一只鞋，随手扔在了地板上。他想到这声音可能会吵到隔壁的人，所以另一只鞋子他脱下后便小心翼翼地放在了地板上。

然后他便睡觉了，过了一会儿，有人敲门，他便起床去开门。门外面站着的人看起来表情很困扰的样子，老人想到可能是自己扔鞋子的声音打扰到了别人，便想着赶紧道歉。这时，门外的人说道："我是住在你隔壁的人，你到底什么时候扔另一只鞋？我已经等到失眠了！"

多余的"思考"是一种病

美国麻省综合医院精神咨询医生乔治·林肯·沃尔顿（George Lincoln Walton）博士曾写过一本书《Why Worry》，并提出"忧虑是一种习惯，也是一种病"。有个成语说"庸人自扰"，然而现代人几乎每天都会有一些"毫无意义"的担忧，虽然表面上一副泰然自若的样子。一直在研究"忧虑"的乔治·林肯·沃尔顿在他的著作《Don't Hurry, Be Happy》《The Lazy Person's Guide to Happy》中都提出了摆脱生活中不必要的担忧，慢慢地生活更幸福的观点，并一举成为畅销书。同时厄尼·泽林斯基（Ernie J.Zelinski）也提出，我们的担忧大部分都是无意义的。

有数据表明："人们所担忧的事情有40%都不会发生，30%是已经发生了的，22%是极其细小的，只有8%是应该担忧的。"结论便是，我们所担忧的，只有8%是真正需要担忧的，92%都是无用的担忧。

这个数据是否适用于所有人，我们暂时无法确定，但环顾周围的人，大多数人都在"多虑"。所谓"多虑"，就是不停地给自己灌输负面想法，这是密歇根大学心理学家SuSan Nolen-Hoeksema曾给"多虑"下的定义。"有备无患"，适当的担忧可以解决后续可能发生的问题，这是一个好方法，另外，审视并反省自己也是好方法。然而，过度的担忧或者怕自己做错事再后悔这种行为就是"多虑病"了。

✛

乔治·林肯·沃尔顿也好，泽林斯基也罢，都是希望我们摆脱多虑的煎熬，将内心变得平静。可问题是"现实"以及"没有意义"的担忧我们当然想要避免，但是先要分清哪些是"有意义"的担忧，哪些是"没有意义"的担忧。只要存在那8%可能会发生的意外，内心便会充满不安，因为我们不知道这些意外会在什么时候发生。据科学统计，每天早上上班族会把来自各个方面的担忧和不安充满内心。

✛

韩国作家徐东植在他的著作《为自己准备的一日礼物》中，对我们的担忧是否具有意义提出了疑问，如果担忧不能改变我们苦恼的状况，那么就停止担忧吧。我们从出生开始，就会遇到很多问题，大部分问题在不知不觉中就解决了，如果是我们能够解决的问题那么就直接解决掉，如果是无法解决的，那么情况就不同了。

分析一下我们的担忧

讲了这么多，我们到底应该怎么做？首先要分析自己内心所担忧的事情，能否避免，将不着边际的担忧记录在纸上，然后看看自己都在担忧些什么吧。

担忧那些不该担忧的，是一种病。这需要积极的解决方法（下一章将会详细讲述）。然而那些不着边际的担忧、不安感、周一综合征等就要赶快赶走，要从心底和它们对抗。每天早上在上班途中，开始整理内心。

✛

　　耶鲁大学教授苏珊·罗林·霍斯曼（Susan Nolan Hoeksema）在他的著作《女人总是想太多》中讲到，解决"多虑"问题的最好方法便是"散步"。一边散步，一边整理内心想法。这不就是在讲上班之路嘛！留出充足的时间，离开家门，然后慢慢走到公交站或者地铁站，偶尔也可以提前一站下车，走到公司，趁着这段时间可以充分整理内心的想法和思绪。摆脱各种无用的担忧，开始新的一天吧！

14

直面最糟糕的情况

《不安》的作者艾伦·迪·波顿（Alain de Botton）曾说过，在我们的人生中，害怕失败并不是因为会失去所拥有的东西或地位，而是因为他人的评价，是害怕他人的眼光。这是人类"庸俗的劣根性"，这是现代人到死都带有的宿命的不安。

上班途中我们应该想些什么？今天是怎样的心情？上班族、白领族经常被毫无理由的不安和担忧包围着。担心被老板责骂、担心自己日益凸起的小肚腩，甚至连中午要吃什么都要担心。

当然，完全不担忧的人是不存在的。适当的担忧是生活的活力素，还能够给生活带来正面积极的影响。因为有了担忧，所以更想要去解决，这就成了强大的动机。然而，如果是过度忧虑，就变成了压力。忧虑和恐惧仅一线之隔。

在职场生活中，会有很多事情让我们烦心，前文我们提过，在法国有三分之二的人患有"上班恐惧症"，不知道一天之中会发生什么事情所以会感到担忧，人生充满不确定和不安，也正因为如此，《圣经》中关于"别害怕"反复出现过365次。

面对这种恐惧，我们要正面应对，在上班途中让自己能够迈着轻快的步伐，带着希望开始新的一天。

直面恐惧

所有的事情，从心理上进行整理是最重要的。直面恐惧，对自己说"不要担心""别害怕"以鼓励自己，也是一个好方法。世界销售大师乔·吉拉德曾说过："如果恐惧来临你该怎么做？这时，提升勇气和自信最好的方法就是不管恐惧和你说什么，都假装听不见。"

对人类恐惧有所研究的人，曾说对付恐惧的方法便是让自己充分恐惧。这并不是说对恐惧屈服，而是承认恐惧，不介意恐惧，克服恐惧。每个人都能听到恐惧的声音，只是程度不同。如果对恐惧反应很大，那么就等于认输了，等于屈服于恐惧。最好的方法就是无动于衷。

担忧和恐惧大部分都是虚幻的。比如说你站在悬崖旁，这种恐惧是有实体的，这种时候不害怕才是不正常的。然而，在职场生活中我们所遇到的恐惧都是茫然的。

✛

前文我们提到的乔·吉拉德的话，上班族最辛苦、最恐惧的事情之一便是销售。这件事做好了，一切都能做好。汽车、保险、投资等销售人员要接受多方训练，例如，如何和顾客接触、如何说服顾客都需要学习。特别是学习克服与陌生的顾客接触时的羞涩与恐惧。虽然接受了各种训练，但真正实战的时候依然会紧张和恐惧。

闭上眼睛，想象一下销售的过程。令人担忧的事情、令人恐惧的事情不止一两件。"如果顾客反映很冷淡该怎么办？"每每想到自己被拒绝的样子便会不寒而栗，越想就会越恐惧。

然而，再仔细想想，为什么会害怕呢？顾客并不是敌人。事实上，令人恐惧的只是陌生。只要稍微转变一下想法，就不会再恐惧了。如果在销售过程中被顾客拒绝，那么就继续寻找下一位顾客就好了。顾客的拒绝是难以避免的，这就需要你通过上班途中的"思考"来整理内心。

直面最糟糕的情况

虽然讲了这么多，但恐惧感并不是那么容易就能够消失的。毕竟它是虚幻的。如果是有实体的恐惧，我们能够轻易找到原因，然后克服它。而这种虚幻的恐惧，无论怎样"思考"，都有可能依然留在心中。

我们再来看看戴尔·卡耐基的忠告吧。在他的著作《如何停止忧虑》中，介绍了停止忧虑的方法——开利万能公式。也就是要"直面最糟糕的情况"。美国工程师威利斯·开利（Willis Haviland Carrier）和卡耐基都曾经实践过，按照这个公式可以消除忧虑。所谓"开利万能公式"，也就是要做到以下三点：

首先，冷静坦然地分析我面对的最坏结果；接下来，我鼓励自己接受这个最坏的结果；然后，把自己的时间和精力投入到改善最坏结果的努力中去。

虽然这被称为"万能公式"，但它并非真是万能的。其中只是"预测可能发生的最糟糕的情况，并预先做好准备"。

✛

和卡耐基有着相同观点的人不在少数。林语堂在其著作《生活的艺术》中也提到过类似的观点。"内心真正的平和，是直面最糟糕的情况，这也意味着心理学上能量的释放。"

威廉·詹姆士也曾经这样教导他的学生："安然接受那些最糟糕的事情，因为接受意外发生的事情是各种不幸的第一阶段。"

可以将预测可能发生的最糟糕的状况想象成某物即将落到"地板"上，在做决定的瞬间会发生巨大的变化，可以感受到内心强烈的安心感。这便能够释放内心的恐惧。排除各种不明了的想象，用平和的内心去接受。

直面最糟糕的情况，俗话说："不是生，便是死"。这并不是说在"生"与"死"中做出选择，只是让我们要带着希望和信心来面对那些糟糕的事情。

✛

恐惧和不安并不一定是坏的事情。它们能够给自己的成长带来好的刺激。恐惧能够让人更加努力，加拿大有名的未来学家理查德·沃泽尔（Richard Worzel）就曾强调过恐惧的正面意义，即，人们通过恐惧迸发的力量，以及一种激励。恐惧，也是达成目标的工具，是人成长的原动力。

✚

现在你能了解什么是恐惧了吗？知道如何应对了吗？想想，你在上班途中心中有着怎样的恐惧呢？那么如何利用上班途中的"思考"来平和自己的内心，赶走忧虑和恐惧。

15

上班途中的"专念练习"

上班之路

日复一日

不知何时，已变得陌生

昨日的疲惫依旧栖息在肩上

今日变得更重

过往忙碌的人们

在哪里

做些什么

难道就这样来来往往吗

《哈佛商业评论》2014年3月刊中以"复杂时代的专念"为题刊

登了研究"专念"40年的哈佛大学心理学家埃伦·兰格（Ellen J. Langer）的采访。

提起"专念"，首先我们会想到冥想。在冥想中所讲的"专念"，是指通过修行集中注意力，以求得内心的平和，可以说它是冥想的核心。埃伦·兰格博士的"专念"包括冥想中的含义，但它的范围更广，也更接地气儿。

前文我们讲过的"思考"与"专念"有时会被当作相同的概念，它们的区别，"思考"相对的，理论、理性的范围要更广泛一些。相反，"专念"更强调冥想要素，更偏重感性化。

如何理解"专念"，先可以想象一下"放心"这个词，想象一下我们"放心"的状态，不管我们生活中发生多少意外、多少事故，心理上、身体上受过多少伤害。

我们每天重复地做某些行为，久而久之就成为一种无意识的、固定的思维。这种无意识的行为，在我们的生活中我们大都会很放心。埃伦·兰格的《专念》一书中举了一个有关空难的例子。

　　1985年，那是一个寒冷的一天，从华盛顿起飞到佛罗里达州的航班，机长与副机长像往常一样在起飞前对飞行安全进行了检查，但这两位机长都未曾在冰雪天气中飞行过，因此他们关掉了飞机的除冰系统，加速滑跑过程中，副驾驶曾一度意识到加速过于缓慢，而机长表示没有问题，副驾驶亦不再坚持放弃起飞，结果几分钟后，飞机撞上了第十四街大桥，坠落在华盛顿特区冰封的波托马河中，导致78人丧生。

　　对于自己即将要做的事情，可以放松身心，但并不是简单意义上的"放心"，而是要专注，尤其是第一次做的事情。要清楚"我即将要做的事情是什么""我为什么要做这件事""做这件事会造成怎样的后果"，等等。

　　埃伦·兰格博士在专访中说，在当今这个时代，人们对自己内心的整理尤为重要。通常人们会认为思考过多会导致压力产生，而实际上，对内心正确的整理能够提升自身能量。尤其是通过"专念"的练习，能够集中注意力，让我们能够记住自己要做的事，还能够提升创造力，让我们抓住能够抓住的机遇。而更重要的是，能够规避危险，改变事后后悔的习惯。

上班途中的"专念"练习要做哪些事?

听轻快的音乐

保持缓慢均匀的呼吸节奏

将积极乐观的想法记录下来

乘坐公交车的时候一边看向外面的风景,一边集中精神

……

✝

英国BBC曾有过有关上下班路上"专念"练习的报道。除了地铁和公交车上之外,在开车时也可以进行。很多人对此存有疑问,认为这是十分危险的行为。其实这并不是说让你在开车的时候闭上眼睛去想别的事情,而是旨在让我们平息心灵,保持正确的心理结构。在开车时,人脑理性统治减弱,渐渐进入"自动导航"状态,宁静的心灵能够开启一天的顺利。

上班途中的冥想

冥想的核心是"专念"。如埃伦·兰格所言，将集中力放在现在正在做的事情上，从冥想的角度来说是十分必要的。在上班途中，试试冥想吧。

有人可能会想，上班又不是散步，那简直是一场战争，哪有心情去冥想？在拥挤的地铁里怎么去冥想？

拥有负面思想的人只会寻找不行的原因，而拥有专念的人则会思索方法。在狭小的地铁里"躺下"也是有理由的。所谓"冥想"，指的并不是在幽静的山中寺庙里静思，而是要整顿混乱的内心。

提到"冥想"，会想到寺庙或修道院，偶尔还会想到打坐的僧人。然而我们这里所说的"冥想"，并不仅仅拘泥于这种意义。"冥想"原本的意义在于清理、净化内心，在这里，更深一层次强调思想的整顿，其范围更加实用。在摇摇晃晃的公交车或者喧闹的地铁里也依然能够进行。散步的时候可以做，在办公室的办公桌前面也可以进行，所以我称它为"上班之路的冥想"。

笑也是一种冥想？

你知道自己在上班途中的样子吗？你上班途中都做些什么呢？从现在开始，让自己做出一个改变吧。开始"冥想"，开始"专念"。每天只需要30分钟，哪怕只有10分钟，也能够让你的职场生活有新的转变。冥想，能够改变脑构造、缓解压力、带来正面思维、提升幸福感，甚至提升身体免疫力。

✜

没有必要将"冥想"想得那么难，生活中的所有事情都有冥想意义。甚至都可以一边吃饭一边冥想。印度孟买的买丹·卡塔瑞尔（Madan Kataria）博士是一位医生，但他更有名的身份是"笑容传递者"。1995年3月，他根据自己突如其来的想法，开办了笑容俱乐部。所谓"笑容俱乐部"是指每天早上在公园、小区绿化带、购物中心等地集合，进行30分钟左右的笑容聚会。如今已经在全世界2500个地方举行"笑容俱乐部"的定期聚会。"笑容俱乐部"的要领是微笑，即"没有思想"的微笑。他研究得出："当人感到快乐的时候，右脑就会受到刺激，主导逻辑的左脑会受到限制。右脑的力量是无穷

的，能帮助人们做好任何事情。"世界著名未来学家丹尼尔·平克
（Daniel Pink）对卡塔瑞尔博士的观点进行了考证，"我曾经对没有
理由地去笑表示怀疑，但是笑容分明能够让心情变得更好，能够让人
充满精神。"

卡塔瑞尔博士说："笑的时候没有思想，这和冥想的目标是一脉
相通的。"笑，也能成为冥想的方式，在上班途中有意识地笑一下，
然后观察一下正在微笑的自己。从道理上来讲，排除杂念，能够让我
们的内心变得平和。但实际上，看看你自己的表情，你会发现与预想
的是截然相反的。

今天观察一下乘坐地铁的人们的表情，尤其是坐在椅子上，闭着
眼睛的那些人，看看他们的表情。年轻人和女性相对而言还好一些，
年龄越大，表情越是僵硬，甚至是愁眉苦脸。令人惊讶的是，满目愁
容的人非常多。留心观察这些人，你可能会很想笑。因为他们的表情
太戏剧性了。你可以试试观察一下，验证一下我的言论。

自从我偶然发现了这个事实，我乘坐地铁的时候，会刻意保持
微笑。

上班途中，有意地在地铁里保持微笑并集中管理自己的表情，这便是"冥想"。

✛

因注射了过度的异丙酚而死亡的顶级明星迈克尔·杰克逊，他的精神顾问狄巴克·乔布拉（Deepak Chopra）博士开启了身心医学和全方位疗愈的风潮。作为自然疗法的权威人士，他的著作在世界范围内的销量达到了2000万册。他被《TIME》杂志选定为"世界最具影响力100人之一"。曾经，他到韩国演讲的时候讲到，不要以工作狂为自豪，任何事情过了度都会成为一种压力。他认为缓解压力的最好方法便是"stop"，这也是冥想的一种。

"首先，停止说话，然后深呼吸3次，接着露出笑容，最后观察。静静观察自己身体产生的变化。"

每天一次就够了

每天抽出10~20分钟，对自己进行投资。冥想和专念会产生很大的效果。更为重要的是每天规律化。无论是上班还是下班，都可以在路上进行。当然，上班途中因为大都没有同行者更为方便。在上班时，很难空出能够进行冥想的时间。因此上班途中是最好的冥想时间。

✛

陈一鸣（Chade-Meng Tan），新加坡裔谷歌元老级工程师，他将硅谷最受欢迎的情商课"提升自我内在"项目引入谷歌，他提倡每天进行一次专念冥想呼吸。

"一次就够了，集中精力，深呼吸，每天都要履行当天的承诺……那么今后剩下的职业生涯中，每天都要做一次这样的呼吸。这就是我要求的全部。"

当然，并不是就像他说的那样，每天只呼吸一次就可以了。之所以强调"一天一次"，首先，制定一个简单的目标，更容易履行承诺；其次，冥想的意图也就是冥想本身，每天进行一次，更容易养成习惯，日后再增加次数也比较简单。因此每天一次冥想是十分有意义的。

　　本书主要介绍我们每天必须要做的"心理彩排"，而"心理彩排"的真谛是"思考"，我所谓的"思考"便包括了"专念"和"冥想"。通过"思考"来进行"心理彩排"吧，这是一场自我革命。

16

上班途中的"冥想练习"

京瓷株式会社（KYOCERA Corporation）的创始人稻盛和夫，以其坚定的企业理念、哲学和对未来的"先见性"，被称为"经营之神"。他强调人生是由一天一天积累而成，每一天都应该过得有意义。他曾说：

"提到冥想，人们可能会首先想到参禅、打坐，认为这是宗教气息很浓厚的一种活动。而事实上，心理学上所说的'冥想'是一种更宽泛的概念，它的核心宗旨是将身心带回到'此时此刻'。比起在山林修行，在俗世之中寻求生命的真理更加容易。每天倾尽全力地活着比任何事情都重要，这才是真正的灵魂的修行。"

✢

冥想分为很多种类，现在也有了新的方法。并且每个人喜好不同，方式也会不同。但对于内心的修炼是相似的。释迦牟尼所讲的冥想法可以一分为二。其一是Samatha冥想，另一种是Vipassana冥想。Samatha是"安静"的意思，是指集中修行内心，让内心平和安静。因此它也被称为"集中性冥想"。

"集中性冥想"是指将注意力集中在此刻的某个事物上，如声音（如鸟鸣）、画面（如大海）、动作（如呼吸）等，这也是哈佛大学赫伯特·本森（Herbert Benson）博士提出的"放松反应"。

相反，Vipassana的基本含义是非凡的领悟和透彻的洞察，洞察我们的身心会发生怎样的变化，以获得内心的平和，因此被称为"内观冥想"。"内观冥想"能够感知到瞬间发生的喜与悲，它是通过观察自身来净化身心的一个过程。开始的时候，借着观察自然的呼吸来提升专注力；等到觉知渐渐变得敏锐之后，接着就观察身和心不断在变化的特性，体验无常、苦以及无我的普遍性实相。这种经由直接的经验去了知实相的方式，就是净化的过程。

我们的生活十分复杂，如果不通过冥想来清理内心，那么就很容易迷失自己，并产生压力，通过清理内心的"专念"则能够起到减压的作用，并让内心更加平和。这种冥想法是由美国麻省大学乔恩·卡巴·金（Jon Kabat-Zinn）博士系统化后推广的。

"集中性冥想"中"曼陀罗"等宗教色彩比较浓烈，普通人比较难以理解，而"内观冥想"则不那么容易被排斥。例如，当你感到身体不舒服或者内心很愤怒的时候，不要做出任何判断，继续观察，你就会了解"愤怒的内心"，会从意识上自然而然使之消逝。也就是说，内心和身体简单、自然的过程，使身体的疼痛和愤怒的心情消失，最终使得痛苦得以摆脱。

我们这里并不是想要专门地讲解"冥想法"，毕竟，真正的"冥想"是要经过学习和训练。我想要说的是我们能够在上班途中进行的"冥想"。

冥想的简单要领

想要学习冥想就要经过相当多的训练，然而在上班途中整理自己的思想，也算是一种能够自己进行的冥想。每天10分钟，也能看到自己发生的变化。冥想的要领也和冥想的种类一样繁多，但一般的要领只有以下几点：上班途中适当进行、注意力集中、内心平静。

安静、惬意的地方最适合冥想。实际上你随时都可以进行冥想。在喧闹的环境里很难保持注意力集中，但反过来说，如果能够在这种环境中也能够保持内心安静，那才是高水准的冥想。

采取舒适的姿势。眼睛睁开或闭上都可以，打坐或者躺着当然是最好的，不过在上班途中自然是不可能的。你可以坐着也可以站立进行。甚至可以一边散步一边进行。

保持身心最大程度的舒适，放松自己。

呼吸非常重要，"长而深"的呼吸是冥想的基础。

安静自然地吸一口气然后再呼出去，最好进行"腹式呼吸"。所谓"腹式呼吸"就是强迫下腹部运动。呼吸不能用嘴，而是用鼻子。呼吸要通过鼻子将空气送入身体，然后再出来的过程，要时常关注自己的呼吸。首先，将新鲜空气吸入身体，一边数数，一边将不好的想法伴随着呼气排除体外。但要注意的是，不要强迫自己，要放松自然地进行深呼吸。这样才能真正排除杂念。

一呼一吸时，要集中精力，当呼气的时候，要想到"感谢""幸福""快乐"等正面肯定的词语，要对自己说"我很好""谢谢""我爱你""我很平和""我不生气"等"曼陀罗"词语。也可以默念平时自己喜欢的词语。

冥想并不是去想什么，而是什么都不去想。

就这样每天在固定的时间，或者在心情烦乱的时候可以进行冥想。

> "只要你有呼吸的时间，就能够有冥想的时间。"
>
> ——一行禅师

即时冥想

"冥想"是一种相对高雅的说法，通俗一点讲，其实就是"清理内心""整理思绪"。在公交车上，或者地铁上，有时在地铁站或者走在去公司的路上，进行冥想，这便被称作"即时冥想"。

> "上班的时候，坐在地铁上，闭着眼睛，在头脑中描绘出这一天即将发生的事情。这样到了公司，工作效率很可能就会提高。如果没有座位，站着的时候则可以一边深呼吸一边集中注意力进行冥想。如果在地铁上进行冥想感到困难，可以从下地铁到公司的路上，一边走一边告诉自己"我能够解决所有问题""我无所不能"。正面思维能够给我们带来正面的事实。
>
> ——一个混迹职场的白领

✦

20世纪70年代，有一部叫《巴比龙》的电影，可能对现在的年轻人来说会比较陌生，然而，在和我同龄的人中，这部电影可留下了相当深刻的印象。我一共看过4次这部电影，它留给我很强烈的印象，并且也带给我很多灵感。

在这部电影中，有这样一个场景：因杀人罪入狱的巴比龙试图越狱，但尝试多次仍旧失败了，也因此他被加长了刑期，变成了无期徒刑。他认为自己是冤枉的，甚至在睡梦中都在说着自己是无罪的。尽管他一再上诉，但法官依旧认定他有罪，他的罪名是"浪费生命罪"。

法顶禅师似乎也对这部电影很感兴趣，他生前曾将自己的椅子称为"巴比龙椅子"。他说："巴比龙有在绝海孤岛浪费人生之罪，坐着这把椅子的我经常会思考我是否也在浪费人生。"这便是法顶禅师冥想的方式。

你便可以把你正在乘坐的地铁或者公交车当成是法顶禅师的"巴比龙椅子"，思考"我是否在浪费人生？""我究竟在做什么？"，这便是生活冥想中的"即时冥想"。

✝

上班途中，一定要进行冥想。步行冥想，原本被称为"经行"和
"行禅"，是修行法的一种。一边行走，一边将意识集中在脚的动作
和感觉上，同时整理自己的内心。

对于初学冥想的人，步行冥想比打坐更有效果。因为坐着思考要
比想象的更难，而走路时思考要相对简单。原本冥想法的第一步便是
步行冥想。

步行冥想，作为专业的修行，步行的方式也变得复杂。然而我们
这里所说的"步行冥想"，只要做到在上班途中步行的时候能够整理
好自己的想法和内心就可以了。

> "走路也是一种思考，人类是思考动物，思考就意味着是
> 靠精神上活着。所谓"步行"就是按照自己的速度走路，用自
> 己身体允许的适当的速度行走的时候是最舒适的，也是最适合
> 思考的速度。"
>
> ——具本式

有时，如果过度"冥想"就会感到头痛，这是因为用脑过度，注意力过度集中导致的脑袋抽筋一般的疼痛。我们通常听人说"脑袋抽筋一般的头痛"，这种经历我也有过。因为头痛欲裂，思维也会变得不清楚。如果大脑过度劳累，便会留下后遗症。

所谓"冥想"是要将头脑放空，集中注意力便是为了放空大脑。什么都不想，让大脑得到绝对的安静、平和。

✝

积极用脑会出现β波，β波只有在思考的速度快的时候、思想压力大的时候才会出现。再加上读书的时候或者工作的时候，β波便会出现。这时，如果闭上眼睛，通过眼睛将刺激阻断，β波便会由快变慢，振幅小的β波便是头脑处于冥想状态时的放松状态。

α波只有在高度集中的状态时才会出现，是紧张和不安等杂念充斥的时候出现的脑波。中间程度的α波（10~12Hz），是在紧张得到缓解、意识得到集中时的状态，而振幅较大的α波（12~13Hz）是略紧张的状态下注意力集中的状态。振幅较小的α波变慢后就会变成θ波

（4～7Hz）状态。这个状态便是打瞌睡、入睡前的状态。也正是在这种状态下，最容易产生好的想法。

✝

到现在为止，我们已经在一定程度上了解了冥想。冥想不是修行，而是在现实生活中最合适的思考方式。具体每个人适用于哪一种冥想方法，也是因人而异，只要找到适合自己的就可以了。即使是专家也不会费心使用特殊的冥想方法，只是会每天自省一次。只执着于方法，反而难以取得好的效果。在上班途中，放下平时的担忧，从深呼吸开始即可。重要的是要每天坚持。

那么，从今天开始就开始实行吧！

17

多和自己聊天

闭上眼睛便能够与自己的内心相遇，这是窥测内心的伟大的意识。相反，睁着眼睛是通过事物展现自我，那么可以说，闭着眼睛思考便是闭着眼睛观察的意思，通过内心的眼睛。

——李敬烈

史蒂芬·柯维《高效能人士的7个习惯》出版10年后，又后续出版了《高效能人士的第8个习惯》。这本书的核心便是"寻找自己内在真正的心声"。带着热情，感受自己在世界上的存在感，倾听自己内心的声音，这样才能成为真正成功的人。

　　所谓"内心的声音"，是指不是表面而是真实的内心，是内心深处的回声、真正的希望和需求。每个人在自己内心深处都有属于自己的内心的声音，这个声音总是为自己辩解、为自己找借口，总是说自己想听的话。

　　"我是谁？"

　　"我是怎样的存在，我是什么样的人呢？"

　　"我应该如何生活？"

　　"我是不是在浪费我的人生呢？"

　　"我的人生目标是什么？"

　　"我善于做什么？我想做什么？"

　　"我最想要的生活是什么样子的？"

　　"我最想做的事、最想成为的样子是什么？"

　　"什么才是真正的生活？我是否在过着真正的生活呢？"

　　"我老了以后会变成什么样子？"

　　通过这些答案，才能确立人生的真正方向。

我应该怎么活

我一直非常喜欢张社益老师，虽然我没有见过他，但我非常喜欢他。为什么喜欢他？这世界上最愚蠢的问题便是 " 为什么爱他？ " " 为什么喜欢他？ " 就是因为喜欢所以喜欢啊。

我的电脑里唯一储存资料的人便是张社益老师，保存的是他的演唱视频。在别人心里烦乱的时候，会听莫扎特或者舒伯特的音乐，而我则会听张社益老师的音乐。并且每次听的时候都会跟着哼唱。但是，他的歌词 " 春天走了 "，我却唱成了 " 春天来了 "

" 走了 " 是一个否定含义的词，我却唱成了正面的含义。我正在工作，电视上传来了他的歌声，妻子马上喊道： " 电视上在放张老师哦 "，恐怕看到总统我都没有那么激动。

他的声音非常好听，他的故事也不仅如此。他出生于忠清南道的一个清贫的家庭，他家中有7个孩子，他毕业于一所普通的高中，然后进入一家保险公司开始了自己的第一份工作，后来他又先后更换过十五六个工作。在他43岁的时候，也就是1992年年末，他听到了他内心的声音，他想要做自己想做的事情，于是他爱上了 " 太平箫 "。

他走在布满玫瑰藤蔓的路上，看着隐藏着的蔷薇花，眼泪不知不觉流了出来，也听到了自己内心的声音。

"我就仿佛是那不起眼的蔷薇花，虽然活得不算有品质，但也是在全心全意地生活着，虽然说人生终究是通往死亡的旅行，但也想像蔷薇花一样释放一次香气。"

✝

我想要寻找内心的声音，并不是说像张社益老师一样辞掉工作去吹太平箫。所谓"内心的声音"分为很多种，核心便是"自己的声音"。在上班途中，倾听内心的声音能够让我们的每一天不再虚度。

随时与自己对话

倾听自己内心的声音能够让自己恢复平静，寻找自己"最真实"的声音，"最本质"的想法。如今社会上最大的问题便是"缺乏诚意"，尤其是职场上的人，表面和内心的差距很大。

✝

在上班途中，进行"专念"思考，最重要的便是倾听内心的声音，倾听你自己最真实的想法。你是否对公司忠诚？你是否对上司忠心？你是否诚心地对待客户或顾客？要从这些方面开始反省，接着思考"我现在在做什么？""这样做会得到怎样的结果？"

> "为什么我们要倾听自己内心的声音？"
> "因为你内心所想就是你最宝贵的礼物。"
>
> ——保罗·科尔贺

✝

希望和热情不是从头脑中萌发的，而是从内心中萌发的。我们的灵魂希望的是什么、想要过怎样的人生、想要去哪里、想要自己的职场生活变成什么样了都是我们所烦恼的。然而，这些事情的指南针便是在我们的心里，那便是我们内心的声音。在上班途中随时与自己对话，一边问自己，同时回答自己的问题。

> 越是因为困难而迷茫越应该倾听自己内心的声音，如果有重要的决定要做就更要倾听自己内心的声音，倾听然后相信吧。
>
> ——葛雷辛

18

"心理彩排"解决愤怒的几种方法

"抑制愤怒最好的方法便是，在愤怒之火燃烧的时候，压制住我们的身体什么都不要做。不要行动，也不要讲话。如果给身体和舌头自由，那么愤怒便会更严重。"

——列夫·托尔斯泰

上班途中要保持愉快，这样一整天的工作才会愉快。然而，这并没有想象的那么简单。令人生气的事情、让人伤心的事情随时都可能发生。上班的时候很可能会因为昨天发生的某事而感到气愤、也可能因为不合拍的上司而感到郁闷、连续不断的加班也会让自己身心疲惫……各种琐事纷繁复杂。

　　还不止如此，甚至还可能与偶然遇到的陌生人发生不愉快的事。比如，在公交站等公交的时候、挤地铁的时候甚至会因为陌生人踩到了你的脚而感到愤怒。

　　遇到这些事情，我们往往会越想越生气。曾有调查证明，在韩国，人们最大的压力反应便是"愤怒"，也就是说，比起其他国家，韩国人更容易愤怒。

　　而问题是，愤怒并不能解决想要解决的问题，反而会起到反作用，还会给周围的人带来不适，这便是"飞镖效应"，这也会危害到自己。因此，对于早上上班途中可能会遇到的令人愤怒的事情要想办法应对，发挥你的智慧。

发泄不一定是好方法

　　只要我们活着，就会有很多令人愤怒和生气的事情。在上班途中也是，好端端地在路面上行驶的车辆突然插到自己的车前面，遇到这种情况难免会很生气。另外，对于上班来说，1分钟都很珍贵，可偏偏前面的车慢得像蜗牛一样，这种情况太多了。甚至有时候会没有理由地神经质一般突然感到很生气。

如果说是在悠闲的乡村或者小城市倒还好，然而在首尔这样的大都市生活，令人感到愤怒的事情就会更多。心理学家研究表明，越是细小的事情越容易引发大的愤怒。

✛

如何对待愤怒呢？我们不能没防备。如果处理不当，很可能会引发身体上的疾病，如"火病"。"火病"用英语来讲是"Hwa-byung"，这是一种经过美国精神科协会认证过的韩国人特有的病。"火病"是指因为心理的不安和抑郁引发身体上的各种症状。"火病"严重的会引发抑郁症。

不仅如此，甚至对人际关系都会产生影响。

心理学家卡萝尔·塔佛瑞斯（Carol Tavris）曾说过，当生气或者郁闷的时候用语言表达出来可以得到缓解，这是对"愤怒"错误的理解。根据一系列的研究结果，可以证明，将愤怒赤裸裸地表现出来，只会让结果更加糟糕。

爱荷华州州立大学的心理学家布拉德·布什曼（Brad Bushman）通过实验证明了"发泄愤怒"不如"平静地对待令你生气的事情"。

他先随机给学生参与者阅读他们杜撰的关于"发泄"的三个研究：发泄有用、没用、中立。

接着，他让这些学生自己写一篇文章来谈谈他们对于堕胎的看法（因为他认为很多美国学生对这个问题的看法非常强烈），而且告诉他们这篇文章会由助教评分。而实际上，这些文章只会被随机评分，一半学生"优秀"，另一半学生的试卷上都写了同样一句话："我读过的最烂的文章！"

原本很多人生气是不懂得去发泄的，但是提倡发泄的多了，也就开始倾向于发泄了。本来应该不会有什么人在生气的时候会想到拿自己的财物撒气的，但是电视上总是这样演，所以生气了摔盘子的人也变多了。不过，如果一时发发火真的能解气的话，长痛不如短痛，那就发泄吧。但是，他接下来的实验告诉我们，事情并没有那么简单。

实验开始时都一样，只是在学生拿到成绩后，说给低分学生一个和判分助教玩游戏pk的机会，但在这之前，他们要先等待两分钟。这些学生被随机安排了两种等待的方式，一种是打沙袋，另一种是纯坐着休息。然后游戏开始了，赢家可以给输家一个噪音作为惩罚，并且可以自由调节噪音大小控制惩罚力度。这可是一个报仇的好机会，生气的人一定不会放过，尽量把音量调大，让对方尝尝自己的厉害。所以，只要比较打沙袋的学生和坐着休息的学生哪组选择的音量大就可以知道"发泄"的效果到底好不好了。

沙袋组选择的平均音量是8.5分贝，休息组是2.47分贝。在另外的一个实验中，低分学生可以让评分助教吃辣椒酱，打沙袋的学生可逮到机会了，大肆挥霍辣椒酱。休息组的学生就没有出现这样的报复性行为。

也许这些学生打完沙袋以后比较喜欢恶作剧，或者有暴力倾向，但是怎么判断他们真的就很生气呢？布什曼还做了另外一个常见的实验：填词测验。一般认为你脑子里有什么情绪，就更容易想到什么方面的词。比如说同样看到"生__"，你可能和休息组的学生都想到"生活"，但是沙袋组的同学更可能填"生气"。

然后让这些学生选一个活动：打游戏、看喜剧电影、读小说，或者打沙袋。你也许猜到了，之前读到鼓吹发泄的好处文章的低分学生更愿意去打沙袋，也就是说，在生气的时候，被灌输了"发泄有益"观念的人更容易选择发泄。

可见，平时对情绪的管理十分重要，我们需要放松，且需要有意识地寻找活力和充裕。

约尔·欧斯汀（Joel Osteen）在他的书《活出美好》中也说过，平静的内心十分重要。如果一旦发生了令人无法抑制住气愤的事情也要自己下定决心去改变。"不能夺走我内心的平和，我要好好整理自己的情绪，我不生气，我要幸福。"

> "如果你是正确的，那么没有生气的必要，如果你是错的，那么也没有生气的资格。"
>
> ——甘地

╋

　　早上上班途中时间很短暂，这时整理情绪尤为重要。在地铁上或者公交车上也可以进行。

　　美国佛罗里达大西洋大学心理学家斯诺·德格拉斯（Sara Snodgrass）主张，仅仅走路就能够帮助我们整理情绪和情感，还能够调节身体和心情。从他的研究结果可以得出，相比大步流星地行走能够产生幸福感，无力缓慢地行走则会刺激到抑郁的情绪。她认为走路的变化能够影响情绪状态。也就是说，挺胸抬头，摇摆双臂，大步轻快地向前走的人比慢悠悠，耷拉着肩膀，一边看地面一边向前走的人的幸福感要浓烈。

　　另外，深呼吸也有助于缓解愤怒。十分简单。鼻子轻轻吸一口气，一边吸气一边数数，一直数到5，然后憋住气，数到7，再慢慢呼出，数到8。重复这个过程4次。心理学家们平时用过的方法之中，这是最有效的一种。

停止思考

释一行禅师也曾对释放内心愤怒的方法进行过阐述，最有代表性的便是"有意识地专念呼吸和步行"。有意识的呼吸和步行走路时，这个瞬间是自觉自愿的。呼气吸气的同时内心也会变得平和，喝茶的时候也是，如果意识到自己现在正在喝茶，那么就能够达到身心合一的状态，从而不再生气。当你能够感知到自己的身体的时候，你的身体就会产生变化。

✣

虽然步行或呼吸能够排解愤怒，但也有其他的应对愤怒的战略。那便是美国雷德福·威廉姆斯（Redford Williams）和弗吉尼亚·威廉姆斯（Virginia Williams）博士夫妇所著的《愤怒可杀人》中讲过的"停止思考"。所谓"停止思考"，是指当自己感知到愤怒或敌对的情绪时，放空大脑，中断一切想法。告诉自己"stop！"，这能够让自己所处的状况得到反转。

✝

如果通过上面的方法，依然没能缓解你的愤怒，那么只剩下最后一个对策了，那便是"忍耐"。当遇到愤怒的事情时，告诉自己"忍一下"，这种自言自语十分重要。其实这与"中断思考"是类似的。

通常，产生愤怒的荷尔蒙，经过15秒便会消失。如果不能忍耐这15秒，很可能发生让你后悔一生的事情。忍耐15秒也是一种智慧。因此"生气的时候便开始数数，从1数到15，一边数，一边深呼吸"这个方法也很有效。

✝

只要我们活着，让我们受伤的事情就不会只有一两件。即使别人看起来很小的事情，但是当事人却可能很难过。当承受难忍的痛苦的时候，"时间"也是不错的方法。这世间的喜、怒、哀、乐，经过一段时间之后都会褪色，不管是难过、愤怒，还是绝望，经过一定的时间后，便会变得微不足道，正如俗语所讲的，"时间是一剂良药"。

有句名言说"这一切都将过去。"说的也是这个道理。这句话的出处有很多种说法，可能是《塔木德经》《圣经》或者《论语》《庄子》，总之这句话被很多人引用过。

一天，大卫将宫中的宝石工匠叫来吩咐道：

"做一枚漂亮的戒指，并在上面刻上我在战争的时候获得胜利不骄傲，遇到困境也不气馁，能够给我自己带来勇气和希望的字样。"

宝石工匠按照国王的旨意打造了一枚精美的戒指。

然而却不知道应该在戒指上刻什么字，非常苦恼的他们找到了所罗门王子寻求帮助。所罗门王子说道："就刻上'一切都将过去'吧！'"

✚

如何面对充满伤害的内心？根据每个人的境遇不同会有些区别。然而，归根到底，重点还是我们自己的选择。早上在上班途中，有必要自己清理自己的愤怒。因为，愤怒最终伤害的是我们自己。

生气有时候是一种习惯，为了防止我们会生气发脾气，就要发挥情感管理的智慧。这同时也是冥想和专念的核心。

"悲伤就像巨浪一样会破坏你内心的平和，当珍贵的东西被他们夺走的时候，每到这种难过的时刻，就要告诉自己'一切都将过去'"。

——兰达·威尔逊·史密斯

19

每天找到100件值得感激的事情

　　"好好生活吧，不是领高薪，而是真正的生活。某个下午心脏病发作，这个时候还会在意那些高薪和职位吗？去学习变得幸福吧，把人生当成一个一定会谢幕的舞台，那么就带着快乐和热情生活吧，只有这样才是真正的生活。"

——安娜·昆德兰（Anna Quindlen）

我们为什么要上班呢？为了要工作？

为什么要工作呢？为了赚钱？

那为什么要赚钱呢？我们的人生目标是什么？

职场生活的目标是什么？

虽然每个人都不同，但亚里士多德说过："人生的终极目标是寻求幸福，幸福才是极致。"把幸福当作人生目标的人有很多，弗洛伊德便是其中之一。"究竟生活中想得到的是什么，获得的成就又是什么？毫无疑义，答案便是幸福。"因此我们在上班途中，最应该想的是什么？那便是"幸福"。

思考、专念、冥想，能够控制内心，提升幸福感。道理是如此，但实际上幸福的人却并不多。何况是在上班途中那么短的时间，能够去想"幸福"的人更是少之又少。

幸福是什么？这很难下定义。然而很多心理学家往往对"幸福"的定义是，在积极的情感状态下，追求有意义和目标的过程中由内而外自发的"快乐"。有些心理学家将"幸福"直接定义为积极的情绪。甚至北卡罗莱纳州立大学幸福研究学者芭芭拉·弗雷德里克森（Barbara Fredrickson）直接将"幸福"定义为快乐、感激、平和、关注、希望、自尊、愉悦、灵感、敬畏感、爱。可以说，幸福是一种绝对主观的情感。

幸福是创造，是选择

2014年1月，首尔大学行政调查研究中心以全韩国成年人为调查对象，对他们的幸福度进行了调查，并公布了230个基础地方自治团体的幸福度排名。排名结果很令人意外。位于江原道一个非常偏僻地方的杨口郡幸福度最高。5分为满分，杨口郡得到了4.0201分，是全国唯一超过4分的地方，大大超过了首尔等大城市。从这一点可以看出幸福的复杂内心。幸福随着人们的想法不同而不同，每个人的标准也不同。

再问一次自己，幸福究竟是什么。那便是"你现在正在想着的'幸福'"。你自己的幸福是由你自己定义的。这就意味着幸福的概念是具有主观性的。相反，不幸也是自己想出来的。看似是世界上最幸福的哈佛大学的学生们，因为被严重抑郁症困扰而开设幸福学，这不正是一个大大的讽刺吗？

对于幸福，虽然很模糊，但有一点十分肯定，成功的人不一定幸福，但幸福的人一定会成功。

✚

你幸福吗？如果感到不幸福那就要让自己幸福起来。幸福不是发现的，而是要创造。寻找幸福虽然很重要，但自己创造幸福更重要。幸福不是情感上能够感觉到的，而是意识的选择。而最重要的是变幸福的决心。林肯曾说过："人们下定决心幸福便能够幸福。"因此，从现在开始，将所有事情往积极的方向去想吧。如果你经常认为自己是不幸的，那么你便真的是不幸的。发生快乐的事情都不感到开心的人怎么能够幸福呢？

在上班途中，想象着"我是幸福的"，用心去创造幸福，努力去选择幸福。而最有用的方法便是冥想。塔尔宾·夏哈尔（TalBen-Shahar）的《幸福的方法》中介绍了用冥想来提升幸福感的方法。方法很简单，现在你所在的地方，不管是地铁还是出租车上，抑或是办公室里，现在你试图开始冥想。深呼吸，同时开始集中到专念上。想象自己正在和爱的人在一起，或者自己正享受着成功的喜悦。30秒到5分钟的专念冥想，能够让你体会到幸福的滋味。每天都坚持做这样的冥想，即使后来并没有发生特别的事，你的幸福感也会爆棚。这便是"幸福冥想"。

> "如果想要幸福，有两条路。让欲望变少或者让拥有的更多。"
>
> ——本杰明·富兰克林

对世间万事抱有真心的感激

世界著名的畅销书《谁动了我的奶酪》的作者斯宾塞·约翰逊（Spencer Johnson）说："所谓幸福，就是当你感激你所拥有的一切的时候的好心情。忽视我们没有拥有的或者想要拥有的东西，并且我们拥有很多别人所没有的。仅仅能够走路这一点，便会让那些坐在轮椅上的人们羡慕不已。"

一直在研究感恩的加利福尼亚大学戴维斯分校的心理学家罗伯·艾曼斯（Robert Emmons）教授认为，只有感恩才是幸福的第一要素。需要注意的是，并不是因为幸福所以感恩，而是因为感恩所以幸福。他与迈阿密大学心理学专业的迈克尔·E.麦卡洛（Michael E. McCullough）教授做了一个有趣的实验，以证明带有感恩态度的人会给自己的身体和精神带来怎样的影响。

他们将实验对象分成A、B、C三组，并在一周时间内对他们进行不同的对待。第一组，是让人心情不好的话语和行动，第二组是感谢的话语和行动，第三组是和平时一样的话语和行动。结果，B组的人在一周内运动做的更多，并且没有人头痛或者感冒，活跃指数非常高，幸福感也更强。之后通过一年的继续实验，发现怀有感恩之心的人更加乐观。有意识地去说感恩的话语能够让人的性格变得乐观，充满活力。还能够帮助其他人缓解压力，让自己变得亲易近人。

参与他们实验的人们，事无巨细，他们坚持每天写下五件可以感激的事情。每天利用1～2分钟时间的投入，仅仅是这些感恩，就能够改变一个人的一生。

另外，密歇根大学心理学专业的克里斯·彼得森（Chris Petersen）教授和宾夕法尼亚州大学的马丁·塞利格曼（Martin E.P. Seligman）

教授共同研究了"能够带给人们幸福的真正重要的东西"。两位教授对幸福的人们的共同点进行了研究调查，得出了他们的"幸福素质"。在这个研究中，彼得森教授在众多素质中认定，幸福最核心的，便是希望、爱和感恩。但是在这其中，唯一能够通过个人努力来改变的就是感恩。因为希望不是能够随便找到的，爱也不是一件容易的事。

有一点非常重要，那便是感恩要是真心的。每天、每个瞬间，心存的感恩如果是机械性的，那么也不会有效果的。

✦

关于感恩的研究非常之多。感恩的话语和生活态度能够提升职场生活的幸福感，也会给日常生活带来巨大的影响。不花费一分一毫就得到幸福这是件多么美好的事啊。

上下班路上思考这样5件事，就能够让你做到真心的感恩。脱口秀女王奥普拉按照心理学家们推荐的方法，每天即使工作再忙，也会坚持进行"感恩"。从每天起床开始，她会在一天当中寻找5个人或5

件事，记录对他们的感激。而且她记录的往往都不是什么伟大的事情。而是像"今天起床一点没费力气，太感谢了！""今天读到了一本好书，感谢写出这本书的作者。"等日常生活中非常细小的事情。

✛

《100句感谢带来幸福的智美故事》讲述了自称"ssagazi"的作者获得新生的过程。他的方法便是每天寻找100件值得感激的事情，反复进行100天，从而获得新生。

100天时间，会发生什么事情？每天从感谢开始，让自己内心充满满足感。我开始认为自己拥有很多东西，从而提升了自信。带着快乐的心情一边感谢"今天"一边等待着"明天"。这样在工作的时候，不自觉就会感到很幸福。

每天找到100件值得感激的事情也许并不容易，但是像奥普拉一样每天找到5件还是很容易的，所以从现在开始行动吧。

✛

一定要有值得感激的事情才能感恩吗？如果说想不到要感激的人或事该怎么办？如果你这么想，恐怕你已经"患病"了，是一种负面病。闭上眼睛，深呼吸。放松，保持内心平和。感受头脑与内心的平静，在这种状态下找寻让你感谢的人与事。在找到的瞬间，一边享受喜悦一边去微笑。在上班途中，用"感恩"来创造"幸福"吧。

CHAPTER 4

用"心理彩排"
应对困难

　　我们每天进行"心理彩排",最重
要的理由便是通过它能让自己变得更加
完美。"上班途中的自我经营"是指利
用去往公司的短暂时间让自己一整天事
半功倍的自我管理。

20

一定要有行程表

今天的上班之路又过去了
1年300次
来来往往1万次
人生就结束了

"我是金柳韩代理，老师，您现在在哪里？"

听到电话那边的声音，我不知不觉大声说道"哎哟"，因为听到"金柳韩"这个名字，我突然想起来一件事。这时候我血液瞬间倒流了，眼前一片漆黑，浑身都软了。我本能地看看手表，已经下午2点了，这原本应该是我去首尔江东P企业上课的时间，此时此刻我正应该站在讲台上上课，然而我却坐在办公室里做着别的事情。

早上上班时，往往我在脑中构思出今天的行程。当我的视线落在手机桌面的日历上，发现没有什么特别的安排，然而这是一个失误。本应该打开日历，仔细确认每天的行程。

前天，P企业的培训负责人金柳韩代理打来电话的时候，我对他说："别担心，我会提前10分钟到授课现场。"但是，仅仅两天时间，我便忘得一干二净。这便是因为我太依赖记忆力了，而没有仔细确认行程安排。我对他表达了歉意，询问他"我现在马上出发，1个小时以后可以开始上课，可以吗？"，但电话那边明显不太愉快。最后没办法，只好由金代理向等待我去上课的学生们转达我失误的歉意。每每想到这件事，我都感到羞愧。这也给我留下了心理阴影。

应对"数字痴呆症"

出门上班时应该最先做的事情当然是确认当天的行程安排。就像是学生时代，会提前确认第二天的课程表，这样才能提前整理书包。

不过，即使是在前一天确认好了，第二天还是有可能忘记，随着年龄增长，也越来越健忘。

　　求职网站Incruit以职场白领为调查对象，得出职场白领中，有88.3%的人患有健忘症。有77.2%的人认为健忘症会影响到工作，而形成健忘症的原因，有2.7%是因为老化，1.9%是因为身体原因，而剩下的大部原因都是因为工作压力。这便是因为IT时代的后遗症——数字痴呆症。这是一种社会现象，并不是真正的"痴呆"，而是一种"IT健忘症"。

　　世界进入网络时代，互联网的泛滥，让整个世界变得便利，同时也更加复杂。机器取代记忆，让人的记忆力逐渐衰退，甚至有人连自己家的电话号码都不记得。如果没有导航，就没法动弹；KTV如果没有机器，就记不得歌词。很多职场人都很难集中自己的注意力，其实这也是"精神分裂症"的一种。

　　例如，将手机放在口袋里去开会，在会议过程中会不知不觉惦记口袋里的手机，自然也就分散了注意力。

问题还不是记忆力减退、数字痴呆或者注意力分散本身，而是因为这些问题导致的精神问题。

你的"伸手要钱"是什么？

"自我经营"并不是什么多么伟大的用词，只是在早上出门上班时或者早上睁开眼睛时，确认一天的安排而已。一定要自己亲自确认才可以。虽然是电子时代，但电子也都是模拟式的。

就像现在很流行的"伸手要钱"，很多人会有疑问，这是什么意思？其实这也算是一种生活智慧，"伸手要钱"就是"身手钥钱"，"身"就是身份证，"手"就是手机，"钥"当然是钥匙，"钱"就不用说了。我认为这个方法还不错，对于健忘的人来讲，这是很重要的。

当我沉浸在写稿的世界里时，思维会变得很单纯，甚至不知道世界是什么样子的。然而当出门去授课的时候，总是会忘这忘那，不得不往返于家和电梯之间。忘记带存有上课资料的U盘，回家取的时候发现钥匙忘在家了的情况也时有发生。所以对我来讲，"伸手要钱"这样的提醒非常必要。你也可以试试创造适合自己的"新词"，当和家人一起出门时，相互提醒，这非常有效。

✝

日常生活中尚且如此，如果发生在职场中，一旦出现纰漏，后果很难想象。演出前为什么要"彩排"？就是为了防止失误。

因此，对于每个人来说，"伸手要钱"都十分重要。

21

将讨厌做的事做到喜欢

日本京瓷集团创始人稻盛和夫会长说过:"在自己喜欢的职场上,做自己喜欢的工作,在自己喜欢的环境中工作,这几乎是不可能的。99.9%的人做着与自己梦想相左的事情。"但同时他也这样说:"对于现在你正在做着的事情,要更积极地去对待,直至达到忘我的境界。这样做不仅能够解开自己的束缚,还能够给自己的未来打开一道门。"

✛

每年年尾时都会出现各种有趣的调查,职场白领的新年愿望都是什么呢?2012年的调查结果显示,人们对新的一年的希望,"跳槽"占24.4%,升薪、升职占18.3%,恋爱占8.1%,结婚占7.6%。

而2013年的调查结果显示,42%的上班族最希望的变成了"升薪"，但是，在世宗网络大学的一份调查中，令人惊讶的是，"跳槽"这个选项占据了71%的人的心中首位。这个结果一出，引起了很多网友的共鸣——"和我想法一致啊！""啊，我也是这么想的！""我也想跳槽！"……从这些调查结果中可以看出，对于上班族来讲，最希望的是"升薪"和"跳槽"。而这两项之间是有一定关联的，正因为"薪水"才想要"跳槽"。

如果不是因为薪水的问题，那便是因为工作本身，首先，白领对自己的职场和工作产生怀疑这也是一种潮流。我曾经也不止一次怀疑自己"不是这样的"，如果有勇气和实力也许会跳槽到别的地方。然而现在回想，如果真的跳槽未必是好的。哪里都有好有坏，旁观和身在其中所产生的感觉是不同的。别人碗里的东西看起来总是更好，没走过的路总是感觉更美丽。有很多做着既有趣又赚钱，并让自己名利双收的喜剧人们却患上了抑郁症，对此很多工薪族很难理解。

想要做迫切想做的事情？

你也在怀疑你的工作吗？是不是很讨厌工作？人生本身就充满怀

疑，总是怀疑工作是不是够好，抑或是对自己的境况表示怀疑，不然怎么还没下定决心了，类似这种各种令人焦躁的情况。励志书和成功学专家便是"元凶"，其实，很多人直到成功也依然感到迷茫。

做自己想做的事，做自己想做的工作，如果想实现自己的梦想，那就一定要做自己喜欢的事。只有做自己喜欢的事，才是真正的成功。做自己疯狂喜欢的事情，这听起来就挺疯狂的。往往这样认为的人中从事文艺的人很多，他们会有自己疯狂想做的事。然而对于普通的上班族来说，却可以说是好运的。在这个世界上有多少人正做着自己喜欢的工作呢？有句话说，总统也有做不到的事，究竟在工薪族中，能有多少人做着自己喜欢的事呢？

虽然人们也知晓那是成功的捷径，但听了那些言论，我们依旧会感到迷茫，会感到压力重重。谁不知道做自己喜欢的事，成功的概率更大。问题是"现实"，"喜欢的事""必须要做的事"与"现实"往往是相背离的。正因为想要做的事不是现在正在做的事，所以才会感到矛盾，这样在上班途中很难感到幸福，自然也就会唉声叹气，脚步沉重。

如果持续这样，会让自己更加难过。每天带着沉重的脚步上班，压力会更大，生活也会更加疲惫，毫无希望。这样是没有未来的，也不可能出现转折点。进入这样的恶循环，职场也好，人生也罢，基本就结束了。你是不是为此感到恐惧？

✛

有这样两句俗语，"如果不能拒绝，那便享受吧。""瓦片也有翻身日。"这样的劝告反而是很现实的。正因为"瓦片也有翻身日"，所以"如果不能拒绝，那便享受吧。"享受讨厌做的事？这不是强人所难吗？太有压力了。就像要强迫人吃讨厌吃的东西一样。

所谓"压力"都是心理强加给自己的。然而不管是事物还是食物，只要想要享受，那便能够享受。虽然你讨厌这个工作，但是正因为有人喜爱才会产生这种工作；虽然你讨厌这个食物，但是有人喜欢，所以会有人吃。这也是安慰自己的方法。

你吃过"黑山斑鳐"吗？这是韩国全罗南道黑山岛近海捕捉到的一种鱼，年轻的时候，我的上司特别喜欢吃黑山斑鳐，只要一有空，就来一顿"马格利酒和黑山斑鳐"大餐。他不仅超级喜欢吃黑山斑鳐，动不动还会带着部下一起去吃。作为部下的我，也不敢反抗，只能跟着一起去，那味道真是太令人崩溃了。天哪，这是什么味道啊。火辣辣的，还带有一股腐臭味，这东西竟然能吃？勉强吃完那顿饭回到家后，和妻子埋怨了上司好多次。但结果呢？现在我也疯狂爱上了"黑山斑鳐"，难忘它那种独特的味道，写到这里，我已经开始流口水了。

工作也是如此，是有毒的。我说的并不是不分黑天白夜的"工作狂"，而是说即使是非常讨厌的工作也有可能喜欢上。经常做讨厌做的事，渐渐地也会产生热情和欲望。

爱上你现在所做的事

很多人都会有这样的经历。本来是要整理一下书桌，但是最后会将书柜也整理一遍。即使是不喜欢做的事，一旦开始做了，就想要努力做下去。德国的医学家克雷丕林将之称为"工作兴奋"。在工作的时候，大脑会变得兴奋，会改变内心的思维和想法。因此，在做不喜欢的事的时候便是没有引起"工作兴奋"。换句话说，你没有爱上你在做的事。

我们大脑中有一个部位被称为"欲望的大脑"，在大脑中心，额头和耳朵中间位置，有一个部位叫作"基底核"，直径大约2厘米，这便是激发大脑欲望的部位。可偏偏基底核却不那么活跃，必须要经过某种刺激才能被激发出来。那么如何刺激基底核呢？很简单，首先要先"开始"，俗话说"能够开始便是一半"。对于自己讨厌的事，不去回避，先开始做。这样就刺激到了基底核，让大脑开始兴奋起来。一旦进入模式，从此时开始，便开启了欲望之泉。

持续下去便成了一种习惯，脑科学实验结果显示，大脑达到某种状态，便会产生兴奋感。因此，纵然是原本自己很讨厌的事，但只要肯去尝试，也能够引发自己的欲望，这时大脑便也能够感受到兴奋。接下来，为了维持大脑兴奋，能够引发快感的多巴胺、羟色胺等神经传达物质便会被输出。在脑科学中，这被称为"强化学习"，即形成良性循环周期。因此，当成为一种习惯后，自己也能感受到快乐。

✛

很多人会对自己的工作有怀疑态度，这世上有多少人所从事的工作是自己喜欢的？有多少人正做着自己梦想的事情？即使做着自己喜欢的事，随着时间的流逝，也会有很多人产生"这不是我想做的"的想法。根据"payopen"和"Korean research"两个网站的问卷调查得知，"喜欢自己所做的工作"的人占17.8%，"年后想换一份新的工作"的人超过70%。可见，并不是只有几个人对工作不满。但是以这种状态投入工作是不幸的，是在浪费时间，也是在破坏自己的人生。

那么，我们要怎么做呢？答案只有一个。如果没能做自己喜欢做的事，从现在开始，去爱你已经在做的事，去享受你的工作。澳大利亚畅销书作家安德鲁·马修斯（Andrew Mattews）在他的名作《我变快乐了》中说："幸福的秘密不是做自己喜欢做的事，而是喜欢自己做的事。"歌德也曾说过："幸福不是寻找自己喜欢做的事，而是喜欢自己做的事。"

✛

今天上班途中改变你的想法吧。每天早上，在做"心理彩排"的时候，下定决心后再出门。今天的工作我一定要开心地去做。小说家保罗·科埃略（Paulo Coelho）曾说："如果不能回头，那么就要想尽办法前行。"尼采也说过："去发现爱上一定要做的事的方法，这样才能提高生活的质量。"

每件事都有它的价值和意义，发现它们并让自己爱上它们，接着，你将进入一个职场生活的新次元。

22

给工作赋予一层意义

罗曼·柯兹纳里奇（Roman Krznaric）曾说过，"天职不是'寻找'，而是'培养'"。没错，上天不会给你一份刚好适合你的工作，而是要自己去创造的。如果想要让自己的职场生活充满热情和活力，最重要的是要给它赋予意义。今天就在你上班的路上寻找一下你正在从事的工作的意义吧。即使没有找到，也可以创造。

罗曼·柯兹纳里奇在他的著作《如何找到满意的工作》一书中强烈批判了如今的职场人士，"对于自己在工作岗位上的角色感不到成就感，反而感到不知所措的人如此之多，这在史上尚属首次。在当今的职场中，有两种致命的流行病，即对职业的不满足，以及对选择职

业的方法的模糊与不安。的确，如今的职场人士大部分都是彷徨而不
知所措的。梦想很远大，但面对实现起来很艰难的现实却彷徨失措。
更多人不满足于现实，而将注意力放在虚幻的浮云上。

抓住重心很重要。我为什么去上班，要明确这个问题。明确的目
标是拥有令人满足的生活的最基本要素。在今天上班途中想一想这个
问题吧。明确这个问题后，你才有可能获得成功幸福的职场生活。

成功是什么？

年轻人往往会急躁，因为他们都是血气方刚，充满欲望。因此他
们对成功更加渴望，甚至他们会希望时间过得快一些。他们希望一切
都能够"给力"，所以"给力"成为年轻人生活中的感叹词。

有一个词叫"大器晚成"，喻指"越是大才能的人通常越晚成
功"，也可以说，即使成功得晚了，也是"给力"的。曾经，先祖们
是禁忌过早出人头地的，认为过早出人头地是毒药。从前人们的平均
寿命很短，但却不希望太早成名，这也是一种伟大的生活智慧。

　　而在人们寿命越来越长的今天，人们反而追求早成名。苹果创始人乔布斯、Facebook创始人扎克伯格都是年纪轻轻的时候便取得了成功。如果能够早成功，自然没有必要抗拒，但不是每个人都能成为乔布斯或扎克伯格。虽然说"有梦想才能成功"，但如果"梦想"能够解决一切的话，这世界上就没有失败的人了。如果不去面对现实，只是急躁地去追求成功和出人头地，那么只能积攒不安和不满，让自己充满压力。

✛

　　对于死亡，人们都会感到惋惜，尤其是那些英年早逝的人们。例如乔布斯，这位世纪天才还不到60岁便离开了人世。难道成功就会短命吗？出人头地与短命之间是否有关系呢？在某种程度上，并不是毫无关系的。首尔大学医院江南中心以大企业500名员工为对象进行了调查，结果显示，每4个人中有1名患有抑郁症，或者曾经患过抑郁症。另外，加拿大劳伦森大学对一些公司的CEO进行调查，其调查对象的平均年龄为51岁，调查结果显示，在这些人中，有88%的人比普通人更容易患上癌症或心脏疾病。类似的调查还有很多。

　　加拿大卡普顿大学的斯图尔特·麦卡恩（Stewart J. H. McCann）教授在《人格与社会心理学杂志》（2001年2月号）曾发表过他的研究成果，美国历任州长中，年轻时就担任州长的人相比年老后才就任州长的人寿命更短。对比美国和法国的总统们，加拿大、英国、新西兰、澳大利亚的总理们，以及诺贝尔奖获奖者们，所得到的结果也是相同的。越早成功的人寿命越短。这也验证了祖先们那句"过早出人头地是毒药"的话。那么为什么早成功的人寿命短呢？其元凶便是"压力"。

✛

　　对现状的不满足以及不安能够成为成长的动力，追求尽早出人头地也能够成为动力的核心。然而，如果过了度，超过了自己的能力范围，就会产生问题。因此，苏格拉底说"要先了解自己"，有时，安分知足也是生活的智慧。对于上班族来说，应该随时回顾自己的位置，找到重心。

✢

究竟什么是成功？某天早晨（2012年12月），我在我的Facebook上写了这样一段话。刚好当天是总统大选日，或许是因为这件事有感而发。

究竟什么是成功？今天我突然想到这个问题，对于"成功"的定义多种多样。天生缺少四肢却带给世界上无数人们勇气和希望的尼克·胡哲（Nick Vujicic）曾说："成功就是不放弃希望，竭尽全力。"还有一个人也说过类似的话，他便是大名鼎鼎的运动明星"篮球之父"乔丹。他说："成功便是全力以赴。"另外，因《从优秀到卓越》而闻名的吉姆·柯林斯将成功定义为"随时间流逝而更受到家人和周围人的喜爱"，沃伦·巴菲特也曾回答一位大学生"成功是什么"的问题时，回答道："成功就是从他人处得到的爱。"

美国著名心理学家霍华德·加德纳（Howard Gardner）说："一般来说，成功不是靠运气或非法手段获取的行动，而是通过努力和奉献而取得的状态，尤其是收到在某个领域贡献的评价，那便是真正的成功。"

另外，美国哲学家爱默生从诗人的角度是这样定义的：成功就是更多的微笑，成功就是赢得智者的尊敬和孩子的喜爱；成功就是得到诚实的批评家的欣赏，承受得住虚伪的朋友的背叛；成功就是欣赏生活的美；成功就是发现他人的好；成功就是养育一个健康的孩子，开辟一块馨香的花园，或改善我们的社会环境，让这个世界变得更美一些；成功就是确知有一个生命是因你的存在而生活得更加轻松；这就是成功。

因为担心出错，毕竟都说"小心驶得万年船"，我特意在字典中查了下"成功"的定义，字典中解释为"实现目标"。没错，实现了自己的目标便是成功，但是每个人的生活目标各异，成功的定义也会随之变化。

每个人应该根据自己的目标，独立给"成功"下定义。这非常重要。如果不能准确地给"成功"下定义，那么你也很难取得成功。

今天读书的时候看到了有趣的文字，韩国舒适鞋销量第一的安东尼公司代表金元吉说："成功就是打造受到顾客的喜爱、得到社会的尊重、让所有职员都感到满足的幸福指数一级的公司。"这是他的目标，因此他将他的成功定义于此。

打造"意义动机"

如果你还没有给你自己的"成功"找到合适的定义，那你便可以利用上班途中的时间来思考。因为随着你对成功定义不同，生活方式也会有所不同。在定义之前，首先要先找到生活和工作的意义。比起思考成功，更应该思考生活和工作的意义，这样当你重新定义"成功"的时候，思路会非常清晰分明。

每当想起工作的意义的时候，总会想起"三个瓦匠"的故事。

有个人经过一个建筑工地，问那里的瓦匠们在干什么，三个瓦匠有三个不同的回答。

第一个瓦匠回答："我在砌砖。我要做养家糊口的事，混口饭吃。"

第二个瓦匠回答："我在垒墙。我能做最棒的瓦匠工作。"

第三个瓦匠回答："我正在盖一座大楼。"

说实话，砌砖垒墙会有什么伟大的意义呢，但却要自己创造出这种"意义"，有了这种"意义"你看待世界的眼光会发生不同，自然"成功"的定义也随之改变。

✛

瓦匠的故事中，工作的意义是被"创造"出来的，虽然听起来有些牵强，但有时候，即使牵强也是必要的。对于工作和成功的意义，比起"创造"我更喜欢用"发现"。她在德国作家和音乐家们街道上负责清洁指示牌，她工作非常认真，某一天，她发现她所清理的指示牌不仅仅是单纯的街道名字，而是以诗人、音乐家、作曲家们的名字命名的。在发现的一瞬间，她突然感到自己正在做的事情非常有意义。从此，她不仅更加认真地清洁指示牌，而且更加努力地去了解指示牌上的名字，越是深入学习，对工作投入的爱也就越多。

最终，她成了一位既懂诗歌，又懂音乐，对作曲也很精通的著名的清洁工。有很多人，甚至很多大学都来邀请她做演讲，但都遭到了她的拒绝。"我热爱我的工作，我只想像这样做一名街道指示牌的清洁工。"比起不知道自己工作意义的大学教授，能够找到工作意义的街道清洁工更幸福，生活得也更有价值。她也证明了真正的成功和幸福。

✛

人类从本质上讲就是寻找内在价值和理由的精神性存在。为什么要做讨厌做的事？要明确这样做的理由和意义，这样才能够让自己更努力地做下去，这便是"动机"。

我们在说动机的时候，总会将其分为"外在动机"和"内在动机"。报酬和他人的认同这属于"外在动机"，而其中的快乐则属于"内在动机"。"去做让自己心动的事"这便是一种"内在动机"，然而寻找让自己心动的事却并不容易。当寻找不到的时候内心便会感到低落，难道你要一直以这样的状态生活吗？

韩国精神科专家文要汉（音译）教授说："在外在动机与内在动机之间还有个动机，那便是'意义动机'。"即，如果没有发现令你心动的工作（内在动机），那么要放下内心的苦恼和烦躁，去寻找你所做工作的意义和重要性。也许当你找到的时候，你会感受到内心的心动之感。如同上文提到过的那位清洁工。即使不喜欢或者做起来很辛苦的工作，如果能够找到重要性和意义，那么外在动机和内在动机都会发生神奇的改变。

✦

为我的工作赋予一层意义，那么我将找到我存在的理由，也能够感受到满足和幸福。据研究，能够找到自己工作意义的人往往工作热情更高，对所服务的组织也更忠诚，缺勤、对公司的敌对也就越少，甚至患抑郁症的概率也更小。不管怎样，去创造"意义动机"吧，让每一天都兴致勃勃地度过。

23

设计自己的好运

对于我们所做的工作，不是等待，而是要自己去爱上它。只要你投入到你的工作中，你就能爱上它。一定要相信这一点。带着这种正面思维，喜欢上你的工作，那么你的工作就会做得很好。然后你的好运就会被激发出来。正面思维是创造好运的有力工具。

这被称为"运七技三"，意思是世上之事，命运占70%。所谓"运"，这世界上真的有命运一说吗？有很多人非常相信命运，然而也有人对此嗤之以鼻。我不认为命运是存在的，但也不否定。因为有很多事情我们无法解释，相信很多人都有类似的经历。

经常能听到那些成功人士在专访中讲他们成功的原因。虽然也有人说是靠着拼搏和努力才取得成功，但大部分人都说他们的成功来自于努力和好运。当然这也可能是一种自谦的说法。人们依靠自己的力量是很难成功的，运气是必需的。正所谓"尽人事听天命"，当你倾尽全力之后，真的就只能看运气了。但这也可以理解为，万事只要努力便能够为自己创造出好运来。

其实很多先觉者都主张努力能够带来好运。被称为"经营之神"的船井幸雄创立了日本最大的经营顾问公司"船井幸雄研究所"，这家顾问公司以从未失败闻名，他也曾强调过运气对于企业经营的重要性。他还说过不能违背事物原则的话，即如果遵从世界法则那运气便会好，如果不遵从，好运也很难来到。这和古人"顺天者兴，逆天者亡"是同样的道理。

那么他所谓的世界法则究竟是什么呢？其实也不是什么复杂的言论，无非是一些常识。例如，"不要去否定和批判""常常带着感恩和愉悦之心服务于人""要以礼待人，以正面的眼光看待一切"，等等。可以说，运气与我们的内心息息相关。

当好运走过的时候一定要抓住

心理学家理查德·怀斯曼（Richard Wiseman）对我们的想法和态度与成功有哪些关联进行了研究。据他的研究结果，肯定正面的态度（如感恩）更有利于成功。他认为一个人持续的好运以及持续的不幸都是有原因的。

科学家们不认为有天生的好运，然而却相信有"设计"出来的好运。怀斯曼教授的实验便印证了这一点。你带着怎样的想法和态度，对于你获得成功的可能是有重要影响的，这种成功的可能性便是所谓的"运气"。

怀斯曼教授认为，认为自己拥有好运的人和认为自己很不幸的人之间的差异与获得成功的概率的差异有很大关系。机会对每个人都是公平的，但能否发现并抓住机会却随着每个人想法与态度而不同。

✛

这段话曾在电视上的2014年新年特辑中播放过。一档名叫《全球领袖的选择》的节目中，讲述了世界出版界的大人物，世界规模最大的出版社里德爱思唯尔集团社长池永硕的故事，他的故事非常感人。在我脑海中首先浮现的是这个故事。

一天，他被普林斯顿大学的密友约翰·英格瑞姆邀请到家中做客。晚饭时，他问了约翰的父亲布朗克斯·英格瑞姆一个问题。朗克斯·英格瑞姆在池永硕心中能够在《福布斯》财产榜上名列前50名。

"如果想成为富翁要怎么做呢？"

朗克斯沉默了5分钟，这时的池永硕略显尴尬，朗克斯终于开口回答道：

"再努力一些，那么将获得好运。"

想象一下，你也在饭桌上的情形。比电视上的场景还酷吧。看着看着电视突然听到这样一句话不禁让我心头一动，同时让我产生了共鸣。在这之后，池永硕社长便真的按照这句话去做了，也真的迎来了好运。他的话中有一句让我感触颇深：

"世界的重要事件在一天24小时中，只在1小时内可能发生。这个瞬间只有你才能抓住机会。如果你8个小时在工作，那么你抓住好运机会的概率是1/3，如果你12个小时在工作，那么你抓住好运的机会便是1/2，如果你24小时都在工作，那么你便一定能够抓住好运的机会。"

✝

所谓"机会"，也就是运气，也就是说在好运来临的时候一定要抓住。我很相信好运，更相信好运是可以创造的。我30岁的时候，遇到了一位写书的上司，这便是我的好运，也是我的命运。在这以前，我都称不上是文学青年，也从未想过写书，我遇见他也不是我的意思，而是公司的任命。

然而，在这位上司的影响下我也决定开始写书，就像池永硕社长一样，突然被警醒了。如果不是受到这样的刺激，即使遇到会写书的人，也依然会错过好运。这是我自己的选择。在我的努力下，写了40多本书。正是通过这种选择和努力我创造了自己的好运。

✝

　　你的运气怎么样？工作总是失败？好像总是很倒霉？在怪运气的时候，想想在运气途经你身边的时候你是否有抓住它。你是不是经常和好运擦肩而过呢？

尽情发挥你的好运吧

　　创造好运和抓住好运的方法因人而异。方法有很多，池永硕社长说，为了抓住好运要经常警醒自己，并且要努力工作。很早以前，人们为了驱走魔鬼和不幸，会随身携带护身符，为了让自己好运，的确是应该携带护身符。但我所说的"护身符"，指的是"正向思维"。

　　"正向思维"绝对是最有效的能够引来好运的护身符。努力固然重要，懂得抓住机遇也很重要，但更为重要的是成为积极乐观的人。从言行举止到表情语言都要呈现出积极与乐观，这便是能够让你获得好运的"护身符"。

✛

随着时间我发觉做培训变得越来越难。并不是因为年龄大了体力不支，而是因为听众们更加严苛了。总是以旧有的方式和陈词滥调来授课自然会被淘汰掉，不仅内容要丰富，授课方式也必须有趣才行。没有核心的内容，再华丽的讲授也难以吸引听众；反之，内容再好，枯燥的讲授方式也会被厌烦。不仅如此，现在电子产品发展迅速，上课的时候会被录音或者拍摄视频，一旦出现失误，万一被传到网络上很可能会收到恶评。

登上讲台，环视一圈，马上就能知道谁是需要特别关注的听众，这种预测几乎没有失误过。他并非是来听课的，而是来找茬的。因为他的脸上写着对讲师失误的期待。过一会儿，他便很可能提出一些带刺的问题，抑或是一边抱怨一边自言自语。往往这类人的内心是比较阴暗的，他直接堵住了自己的幸运之路。谁会喜欢这样的人呢？对于这类人在职场上的状况和未来一目了然。

这类人往往有一个共同点，表情写满了不满，眼神叛逆，姿态很强势。往往这类人在公司会被孤立，几乎没有什么存在感。我并非是算命先生，但他们的表情和态度往往就封住了原本属于自己的好运。

以前我曾经担任过公司的人事面试工作，当被面试的人进来的瞬间大概就能够下决定了。短暂的会面结束后，再从最感兴趣的人开始进行长谈。

所以，一定要让自己从外在看起来就充满着正能量，言行举止都洋溢着乐观和积极。当然，并不是让你去伪装自己，而是通过表情和言行来体现自己的精气神。往往内心深处总是充满牢骚埋怨的人很难体现出正能量的气场，也别期望表情冷漠的人能拥有积极向上的心态。林肯曾说从40岁开始就要管理自己的面部，但从20岁开始就要开始管理自己的气场了。这也能够体现自己平时的生活态度。

每天的上班途中，走路的时候，或者在公交车上，要努力让自己充满正能量。让自己带着微笑，充满活力地行走。对偶遇的人们报以善意，带着善意去对待世界。上班途中是修炼的最佳时机。如果想要引来你的好运，就要变成这样的人。如果你变得很强势，那么你的整个世界都是强势的。虽然运气是超越人类的力量的，但这种力量也是来自于人类本身的。好运是创造和设计出来的。

24

偶尔回顾一下自己的初心

　　现在我们回忆一下当初我们进入公司前面试时的场景。通过笔试或上交材料等步骤后终于要面试了，内心十分激动，也非常紧张。现在只要过了紧要关头，就能够获得想要的工作了。然后我们应该做什么呢？在《新员工的条件》这本书中这样讲到：

　　从面试前一天就开始进入倒计时阶段，整理内心状态，换个发型或者做个按摩，搭配第二天参加面试要穿的衣服，准备可能会遇到的问题，然后便开始怀着神圣虔诚的心情。估计没有人会在面试前喝个烂醉。当然，也有些人胆子很大，并不把它放在心上，恐怕这并不是正常的。

终于到了面试那天，早上很早起来，反复照了很多次镜子，整理自己的仪表。让自己看起来符合新员工的端庄成熟，妆容优雅，肯定没有人穿着迷你裙、牛仔裤或者过于暴露的服装去参加面试。一般情况下会早一点出门，以免因为交通原因造成心理焦躁，如果迟到了，则会有"十年寒窗，付诸东流"的感觉。

终于到了面试地点，面对陌生的地方，会有一些别扭和紧张。在等待面试官的时候会是怎样的心情呢？一边等待被面试，一边不停跑卫生间的紧张和不安，这种心情是能够被理解的。同时也非常羡慕正在公司办公的人们，如果在卫生间遇到了公司职员，要打个招呼，至少也要互敬"无言礼"。不仅如此，在办公楼内的电梯里也要带有谦逊的态度，如果在走廊看到垃圾要随手捡起来丢进垃圾桶。

为什么要如此小心翼翼呢？为什么要做和平时不同的行为呢？因为你不知道周围有哪些人在看着你，因为只有付出真心和真诚，才能够拿到"合格"的评价。

现在，终于轮到你进去面试了，进去后马上行礼致意，然后小心地迈着朝气蓬勃的脚步走向面试官。一边端正坐姿，努力展现自己知书达理的一面，一边毕恭毕敬地回答面试官的问题。面试官的问题自然要欣然回答，如果面试官指定某个行为也要照做。甚至说让你讲个笑话，或者跳支舞也是可能的，就是让你倒立难道你不做吗？

"如果把你安排在条件较为艰苦的部门你会怎么做呢？"面试官如果这样问，你可能会回答："那我也会竭尽全力。"

"如果加班你会怎么做呢？"

"当然也会努力工作。"

甚至，对于平时不屑一顾的富二代经营或者"章鱼足式扩张"的企业，如果面试官问道："对大企业的经营方式你有什么想法？"你恐怕会说出很多他的优点。

为什么会这样呢？从准备面试到参加面试，为什么会有上面这些行为呢？为什么会那样回答，为什么会有那样的态度呢？为了通过面试？当然了。因为确信那样的态度和行为有利于最终的成功。面试时不知不觉就会那样说、那样做，这正是因为人们知道公司有什么样的要求，公司需要怎样的人。

　　我之所以引用这么长一段文字自然是有原因的。这段文字是《新员工的条件》一书想要传达的核心，也蕴含着上班族应有的内心和品德。

我们的初心是什么?

　　是的，在我们进入职场之前，就已经知道应该如何为人处世，应该如何工作。这甚至是没有必要从书本上学习的东西。在参加面试的时候本能地就会做出一些行为。这便是面试精神，这种面试精神便是我们的初心。

　　那么，今天在上班途中，请回想一下你的"面试精神"。反省一下，你是否已经偏离了当时的心态。升职为领导后，与参加面试时的态度是不可能相同的。然而，偶尔也要回头看看自己的初心。这世间的原理，无论是对于领导还是新职员都是相同的。在上班途中，反省因为岁月流逝我们改变了哪些地方是很有价值的。

✝

"别忘了初心。"

"要坚持初心。"

"回到初心。"

我们经常会说这样的话，所谓初心，就是在最初所带着的心态，也就是出发时的心态。

曾有位僧人写有《初发心自警文》一书。从字面上来看，可以解释为"最开始的时候写给自己的警醒的文字"，是出家的沙弥（修行中的僧侣）必须要遵守的道德准则，他一生都随身携带这本书，每当内心有所动摇的时候都要拿出来提醒自己。因此他能够做到无论任何时候都不忘初心，专心修行。

你初入职场时的初心是什么？还记得吗？或许你已经忘了。或许不是忘了，而是起初就没带有什么特别的心情。大部分人只是会告诉自己"好好干""努力工作吧"这样的话。

如果不记得有什么特别的"初心",那么就想想"面试精神"吧。我在给一些上班族（尤其是新员工）做培训的时候经常强调，一定要记得"面试精神"。也许你现在不知道这个词是什么意思，甚至在网络上检索后也找不到这个词。其实"面试精神"才是上班族的"初心"。

回归你的初心

虽然说"面试精神"是上班族的"初心"，但并不是"初心"一定就是"面试精神"。所有的事情在一开始做的时候，所怀着的心情都可以被称为"初心"。例如，如果升职做了领导，对于该如何工作要做好新的准备。那么，这便是在职期间内心深处所持有的"初心"。不仅如此，为迎接新年所下定的决心也可以说是一种"初心"。

从始至终保持自己的"初心"并不是件容易的事。很多人通常是"三天打鱼，两天晒网"，不过这句话也是维持"初心"最有意义的警告。美国斯克兰顿大学研究团队对于"初心"以及"新一年的决心能够保持多久"这两项进行了研究。参与实验的人所下定的决心是改正自己的坏习惯。三分之二的人想要"减肥""戒烟""拒绝不想做的事""找到属于自己的时间""承担责任"等。这些决心都坚持了多久呢？调查结果得知，仅一周时间，就有四分之一以上的人失败了；一个月后，有一半的人放弃了；六个月后，坚持初心的人连40%都不到。

＋

经常听到人说"可持续经营""可持续发展"，简单地说，坚持不懈地持续经营就能够"可持续发展"。这可以比作，如果想要坚持不懈地发展自我经营，那就必须有"可持续决心"，这就要保持自己的"初心"。

我们应该摆脱"决心三日"的懦弱。所谓"决心三日"，原来的理解是"先三日后决心"，也就是说，用三天时间思考后再下决心，指在下决心之前要深思熟虑，三思而后行。然而，现在要说"先决心后三日"，往往很多人再大的雄心壮志也不会超过三天，无论你发誓努力工作也好，与人为善也好，总之不过三日就会烟消云散忘在脑后，这也是人类的本能和属性。

那么怎么下决心才能坚持更久呢？方法很简单。在"决心"实现之前，必须执着地坚持。如果说我们的极限是"决心三日"，就要坚持"三日决心"，就如同在某个山坡上摔倒一次的话，故意再多摔倒几次的训练一样。

从始至终保持初心是成功的捷径。能够自我实现，那便是过了三年那道坎。如何跳过这道坎呢？只要下定一个决心，直到最后都不动摇的人真的是特别的人吗？当然不是，他们是和我们一样的人。只是他们的决心没有坍塌，持续着"三日决心"而已。甚至是"一日决心""一瞬间下决心"，每个瞬间都保持着自己最初的模样。

今天，在你上班的路上，回想你的初心吧，并且不要动摇，坚持为自己的初心做"心理彩排"吧！

25

始终保持谦逊

"观察那些取得失败的人，他们往往没有谦恭之心，只是固守自己的意见。与之相反，心怀谦恭涌现出的真挚，会成为他们优秀的信念，从而让他们在工作上获得成功。越是地位高的人越能够体会到这一点，因为地位低的人往往会时刻注意保持谦逊，而地位高的人没有人需要恭敬。因此，地位高的人往往会自己警告自己，自己自问自答。"

——松下幸之助

被称为"经营之神"的松下幸之助会长，受人尊重的原因并不是因为他的富有，而是他谦恭的态度和风度。

1975年某一天，大阪的某一餐厅：

松下幸之助正招待合作公司伙伴，一行六个人都点了牛排。等六个人都吃完主餐，松下让助理去请烹调牛排的主厨过莱，他还特别强调："不要找经理，找主厨。"助理注意到，松下的牛排只吃了一半，心想一会儿的场面可能会很尴尬。

主厨来时很紧张，因为他知道请自已的客人的身份。

"是不是我哪里做得不对？"主厨紧张地问。"为我们烹调牛排，辛苦你了。"松下说，"但是我只能吃一半。原因不在于厨艺，牛排真的很好吃，你是位非常出色的厨师，但我已80岁了，胃口大不如前。我想当面和你谈，是因为我担心，当你看到只吃了一半的牛排被送回厨房时，心里会难过。真抱歉，味道真的很不错。"

如果你是那位主厨，听到松下先生的如此说明，会有什么感受？

✛

下山时跃入眼帘

上山时视而不见的

那朵花

诗人高恩的这首诗非常简短，然而它的含义却比很多诗更丰富。每个人读这首诗，所涌现的感情都是不同的，特别是年纪大快要退休的人更是百感交集。

这里的"花"象征什么呢？可以指人生的价值和意义，不知道高恩在写这首诗的时候想的是什么，但是在这首诗中，我看到了"谦逊"。很多事情在人生的上坡路上霸气前行的时候没能想到的，却在人生的下坡路上发现了。

作家崔在天教授在他的著作中曾说过这样一句话："人生的第一个成功就是朝着目标，一边流汗一边向上爬的时期，第二个成功便是一边寻找生活的意义一边向下走的旅程，而这其中向下走的人生更有意义。"随着年龄的增长，往往能够看到向上走时看不到的风景。

✝

　　什么是谦逊？有这样一句话："谦逊并不是自卑，反而是相信自己有无限的能力和潜力的人才有的美德。"不久前我查了很多资料查到了这句话，于是上传到了我的Facebook上。

　　"所谓谦逊，不仅是将自己放低，而是要知道自己的'伟大'是多么渺小。"谦逊并不是有意识地放低自己，它本身既是伪善，又是骄傲。更重要的是，真正了解自己的扬扬得意和骄傲，甚至是伟大有多么渺小。我认为这才是"谦逊"。如果能够正确认识这一点，在职场上，与上司、同事或部下的态度就会大不相同。

要有礼貌和风度

　　我认识的人中有一位"达官显贵"，他身居高位，但礼貌和风度却很缺失。当看到他的言行，会对他如何到达现在的地位很好奇。从言辞、应酬到高尔夫，都很随意。

当时很多人会在暗地里谈论他。某天，我和他一起去了一家日本料理店，之前只是听闻了一些关于他的事情，那天真是认识到了他的真实面目。在用餐过程中，他用桌布擦手，用湿毛巾擦脸。更要命的是，他竟然往刚刚用过的毛巾上吐了一口痰，完全不顾周围的人。看到这种情景，我自然是哑然失色。

不仅如此。接下来聊天的过程让我感到很担忧，在饭后吃水果的时候，他竟然用手抓着吃。到这为止，已经不用再去说礼貌和风度了，简直可以说是令人难以置信。不管地位有多高，又有什么用，他的生活是怎样的一目了然。

但是为什么会露出这样的"丑态"呢？文化水平低？不知道用餐礼仪？不，只是因为他不懂得谦逊。礼貌和风度都是谦逊的表现。谦逊的人不知不觉就会表现出自己的风度。英国的约翰·卫斯理曾说过："所有的德行都始于谦逊。"

✝

今天在上班途中回想一下自己的谦逊和风度，谦逊并不是卑微。约翰·邓普顿曾说："谦逊并不是自卑，历史上伟大的人们大部分都是谦逊的人，他们的伟大不仅是来源于他们本身，更是通过他们的能力展现出来的。即真正意义上的谦逊，是蕴含了他们能力的一种习惯。"谦逊是一种魅力，也是一种竞争力。

26

与讨厌的人和平相处

"知道这个世界上最难的事情是什么吗？"

"嗯，这个嘛，赚钱？"

"世界上最难的事情是一个人得到另一人的心，每一张脸的后面都隐藏着形形色色的心，即使一个瞬间，也会产生数万种想法。让风一样的心停下来，真的不是件容易的事。"

——文书英

职场上总是会有很多压力，除了工作外，人际关系也是一大难题。超过80%的上班族将人际关系视为压力的主要原因。尤其是与上司的关系，很多人因为这个问题选择离职。有趣的是，代理级别以上的人往往不会认为自己会被人讨厌（76.7%），即使别人给自己的评价很低，自己却给自己很高的评价。

这种现象在心理学上被称为"积极错觉（Positive Illusion）"，即人们往往会给自己过好的评价。按照美国的切普·希斯（Chip Heath）和丹·希斯（Dan Heath）的研究结果，在高中生中，认为自己的领导力低下的学生不到2%，另外普通人中，25%的人认为自己与别人和谐相处的能力属于1%的上游中。在大学教授中，超过94%的人认为自己的能力在平均值以上。更有趣的是，人们往往认为自己对自己的评价比别人更准确。据韩国人类发展学会研究得知，以韩国中年上班族为调查对象，其中75%的人认为自己的想法有年轻开放的错觉。虽然属于"积极错觉"，但也因此妨碍了"自我革新"。

区分情绪与行为

不管是上司、同事还是下属，哪里都有让自己不喜欢的人。这也就形成了一种压力。我也曾经遇到过这样的上司，正因为这样的压力，我还得上了过敏性大肠综合征。现在回想起来觉得并没什么，可当时不知道为什么认为很严重。如果能够回到那时候，也许我能够欣然对待。在这里我之所以提及此事也是因为当时的经历和内心的后悔。

有人上班合心意，自然也有人不喜欢。通常，异性间合作起来比较和谐，但也有同性间合作和谐的事情。人与人之间、人与工作、人与职场间都是能够和谐的。有很多人因为与自己相处得不和谐的人合作，尽管很努力合作，但结果却不能让人满意。在自己不合心意的公司工作最终离职的人也大有人在。我也有相同的经历。

✤

在职场中，如何与讨厌的人相处？这确实令人头痛。然而正确的应对方法并不是逃避，而是积极地去解决。如果将矛盾置之不顾，很可能导致工作上的失败。如果刚进入公司便遇见不喜欢的人，那可就更加危险了。

如果公司里有让自己很讨厌的人，上班途中的脚步都会变得异常沉重。正所谓冤家路窄，这可是极为致命的。在职场上，不可能有"与敌同寝"。

那要怎样做呢？如果想要改善你生活中真正的矛盾，如果想要驾驭你自己，那就要有针对性地找到解决办法。不管对方是什么样的反应，对于自己所处的境况下，只要努力去做"能做的事"，这其中最有用的便是"包容"和"爱"。

安迪·安德鲁斯（Andrews Andy）在他的著作《庞德伟大的一天——实践篇》（Mastering the Seven Decisions That Determine Personal Success）中提到，每天都要带着包容之心。意思是说要无条件的原谅，"更要原谅那些绝对难以原谅的人"。一定要原谅他们的理由是，通过原谅和宽恕，自己比起他人得到的东西更多。

斯蒂芬·科维（Stephen Covey）则提出了"爱"这一点。他在他的著作《成功人士的7个习惯》中提出要无条件地去爱。那么对方也会感受到这样的影响，并给出相同的反馈。

真的能够去喜欢讨厌的人吗？我们又不是圣人。盖瑞·查普曼（Gary Chapman）在《爱的五种语言》中主张爱的情感和爱的行为要区分来看，这样才能够真的喜欢上讨厌的人。

"如果没有任何感情，那便是虚伪的行为。然而你却可以选择对对方有益的行为。对于不喜欢的人，很难对他们产生暖心的情感，这是自然的。但是却可以做出一些有爱的事情。行为未必一定要带有丰富的情感。你的行为能够给对方带来正面的影响。"所以说，要将爱的情感和行为区分开来。

✢

金寿焕曾说过："爱不是一种感情或者感觉，爱是理智的。真正的爱是发自内心的。"美国著名的精神科专家、畅销书作家M.斯科特·派克也说过相同的话："爱是一种理智行为。我们并不是一定要去爱的，但我们要选择爱。"

理智地去爱？怎么听都像是圣人说的话。因为人们所承受苦痛，却要主动去爱？你如果想要走出愤怒的迷宫，就必须要无限地去爱。这对双方都是有益的。

如果你选择爱，那就要认同对方。在比较和追究对错时还会产生新的矛盾。爱就是要接受认同对方的一切，而不是依照自己的眼光去评价对方。理解对方，会产生温暖的关怀与宽容。

在今天的上班途中，回想一下让你感到矛盾的"那个人"吧。你们八字不合？究竟要怎么做才好呢？就是没办法认同他？其实只要改变一下想法就能够产生奇迹——爱上他的奇迹。这不是情感问题，而是选择问题。

试着给予讨厌的人爱的能量

珊卓·安·泰勒，是以量子力学理论而闻名的，在她的著作《28天转化意识行动手册》中介绍了"爱"在人们心中的运动原理。其原理非常简单。思想和语言中将愤怒、恐惧等否定负面的内容摒弃掉，用充满爱的语言和行动来代替。无论何种情况，如果我们的声音和行为中充满了爱，那么情况就会发生改变。

如果处于很艰难的境况，或者遇到了很难相处的人，就更要传递给他们爱的能量。深呼吸，让自己充满"爱"，那么一切都将发生改变。对于她的理论，她列举了很多案例。我们先来看一个。某天，她从某工作室借来了一台复杂的录音装置。当开启机器后却失灵了，她想要退回去，但是如果24小时内如果没有归还机器，那按照合同规定就不能退货。她非常生气，但她告诉自己要"爱"，为了归还机器，他拼命开车。在开往工作室的路上30分钟，她一直告诉自己心中要充满爱，终于到了工作室，见到了工作室的老板。那个老板是这样说道：

"到目前为止从未发生过这样的事情，这次就当作特例给您处理。"

结果不仅返还了押金，还免费赠送了录音带。工作室老板离开去处理机器的时候，工作室的职员说道："真的从来没这样处理过呢，也不知道为什么老板改变了想法。"

✝

对于你今天将要见到的所有人，都充满爱吧。对于你讨厌的人也要如此。不仅是想法，更要落实在行动上。如果心中没有爱，就没有和谐的人际关系。没有爱的人际关系都是虚构的。所谓人间之爱，就是对于他人的关爱和宽容。懂得这一点的人才有人情味。

尤其是爱能够带给我们自己正能量，它能够发挥出世界上最伟大的力量。能够让我们的生活更加丰富，就算是为了自己也要爱他人。

27

尝试模仿那些伟大的人

上班途中的"心理彩排",是我们登上一天中的人生舞台,并在脑中对我们可能遇上的事情进行训练。另外,还能预测未来可能发生的事情,并在脑中做出应对策略。被我们当作目标的优秀、成功的人们,他们有着怎样的生活方式,想象它们也是非常有意义的自我管理方式。

有一段时间非常流行"标杆管理法",众所周知,"标杆管理法"是指围绕提升企业能力和实现发展目标、瞄准一个比其绩效更高的组织进行比较,以便取得更好的绩效,不断超越自己、超越标杆、追求卓越。从前这是企业核心管理法之一,现在也经常用在自我管理上。成为"标杆管理法"对象的人被称作"行为榜样"。

我们如果想要拥有成功的职场生活或者说成功的生活，那就要为自己找一个优秀的人作为"行为榜样"。也就是在心中找到一位自己想要成为的人。但很多时候我们不能直接与这个人见面，也许能够与可以信赖的老师或者领路者暂时取得联络，但是"行为榜样"却不能。

如果心中有一位"行为榜样"，当遇到某些困难需要下决断和行动的时候，就会问自己："如果是那个人他会怎么做？"如此一来，就能够帮助我们找到问题的解决方法。这是非常有意义的"心理彩排"。我们的人生也会越来越接近我们心中的"行为榜样"。

如果是那个人他会怎么做？

美国总统奥巴马在他的办公室挂有林肯的半身像，"这种情况下，如果是林肯总统他会怎么做？"他经常这样与林肯做着"假象对话"。并不只是奥巴马这样做，林肯后任的总统们都以他为"行为榜样"。白宫从很久以前就开始挂有林肯的画像，这便是有力的证明。罗斯福总统曾这样说过：

"当要下决策时，或者处理一些复杂的事情，抑或是面对一些利害关系时，我都会看一眼林肯总统的画像，想象着如果他现在站在我的立场上会如何处理。并且我确实也完满地解决了问题。"

✣

像这样将自己与名人、伟人相比，并且从他们的视角寻找解决问题的办法被称为 "拿破仑技巧"。站在他人的立场上看待问题，能够发现无法想象的新的视觉和新的思路。如果是牛顿会怎么做？如果是巴顿将军会怎么做？如果是特蕾莎修女会怎么做？

像这样将某个人定为自己的 "行为榜样"，不仅能够让我们的职场生活更顺利，也更有现实意义。"行为榜样"，是以历史上的名人或世界上获得巨大成功的人为目标，另外也有的以在我们周围很容易看到的特定的人为目标。两种方法都各有长处。前者由于离我们的生活和工作太遥远，稍有不慎可能就会异想天开；后者很容易达到，但之后就可能会遇到比较微妙的状况。

微妙的状况？想要成为优秀的人，去模仿你心中的 "行为榜样"，但在某一天他突然因为某事件成了"反面教材"，这种尴尬的事情也是很常见的。当然，如果不是因为这种情况，能够选择一个离你近的人当作"行为榜样"是非常好的。不管是谁，能够有一个符合你心中标准的人就可以了。不仅如此，"行为榜样"也不一定非要是一个人，很多情况下，也可以是很多人。

✟

上一节我们讲过改善与讨厌的人的关系的方法是"宽容"和"爱"。在上班途中"心理彩排"包括这一项在内，有关个人的故事也是会起到作用的。因为渐渐的，随着年龄增长，就能够更加深入地体会到"宽容"和"爱"的意义。惠敏大师将它们称之为"停下来才能看到的东西"，我却觉得它们是"年龄大了才能看到的东西"。"宽容"和"爱"是"年龄大了才能看到的东西"中最具代表性的。

曾经读过这样一句话："年龄的增长是最美的传说。"年龄虽然增长了反而更有魅力，因为这是一种成长。成长是能够摆脱愤怒，能够学会宽容的过程，也是摆脱万恶之心，学会爱的过程。像这样的灵魂成长是通过年龄的增长实现的。

在我心中想到"宽容"和"爱"大概要回溯到2009年2月，金秀焕讲授禅宗的契机。他说："谢谢，请去爱吧。"从听到他说这句话开始，这句话便在我脑中挥之不去。从那时开始在上班途中或出差路上，"爱"这个词便时常浮现在我的脑海里。读书的时候也总是会想到这个词。然后便和"宽容"一起印在了我的脑子里。所以说，金秀焕主教是我的"行为榜样"。

✛

你的"行为榜样"是谁？

除了金秀焕主教外，当我想到"宽容"和"爱"时，还会想到那样的人和事，最近见到了两位人类的巨人。其中一个人是通过他的死亡消息才了解的，另一个人则因为他的慈爱德行上了新闻而得知的。这两位便是南非前总统纳尔逊·曼德拉和弗朗西斯教皇。曼德拉用"宽容"缓解了长达350年的黑白种族矛盾，他经历了27年黑暗的监狱生活，在这种情况下是如何做到"宽容"的，不禁令人肃然起敬。连离他这么遥远的我都能够感受到，何况在他身边的人们，他曾经也说过"年轻的时候也很急进，会和人起冲突"这样的话。可见，他年轻的时候和我们一样也是个平凡的人，然而他却通过自己的决断和锻炼，用人类之爱放下仇恨，选择了"宽容"。

第266代教皇弗朗西斯，我虽然不是信徒但也是他的粉丝。他体现出来的人性之爱非常暖心。从一边抚摩着拽着他裤腿儿的小孩的头一边演讲，到拥抱长有瘤子的人的大脑并安慰他为他祈祷的感动画面，什么是爱，通过他的行为让我理解的更加深刻。

我经常能够想起这些人。尽管我连模仿他们都与他们有着巨大的差距，但也因此我将他们视为我的"行为榜样"，他们在我心中占有一定的位置，希望有一天能够赶上他们一点。但是在他们心中也有着特别的体验。当在路上遇到艰难的处境的时候，我便会不知不觉想到他们。"如果是他们，他们会怎么办呢？"比起这种想法，我往往会反省"那样生活的人都存在着，我为什么会这样？"然后我便会发现与以往不同的自己，连自己都感到惊讶。

✝

想要成功就要学习成功人士的方法，发展来自于模仿。试着模仿一下那些成功的人吧。在模仿那些卓越的人的过程中，某一天你会发现自己和他们很像。就像美国作家霍桑的作品《玉石人像》中的欧内斯特一样。

你的"行为榜样"是谁呢？谁是你的"标杆效应"？想要成功管理自我，就要选择一个好的目标来模仿。心中有一位"巨人"，人生也会变得伟大。这便可以在上班途中，通过"心理彩排"来实现。

28

坚持每天30分钟"励志"

　　我将"励志"定义为"能够扩大机会之箭表面积的东西"。我认为每个人的机会都是一样的，但是有时候却放掉了一些极好的机会。如果想被机会之箭射中，平时就要主要扩大表面积，这样被成功射中的概率才会提升。而这种扩大表面积的过程便是"励志"。

　　上班途中的"励志"？那样短暂的时间内能做什么"励志"？光是赶路就够忙碌的了，还谈什么"励志"？但是所有的事情都取决于是否去做。并不需要将"励志"想象成国土开发那样宏伟壮观，"心理彩排"本身不也是一种"励志"吗？

上班途中也可以成为"励志"的场所

最近，我的上班之路便是去做培训的路程，与普通的上班族一样。如果在首尔市中心做培训需要1个小时，如果要去地方出差，一般是需要三四个小时。往返便是一天的时间。一般在首尔市内我会选择步行或者乘坐地铁，如果去地方我会乘火车或者开车。一个人在路上奔跑妙趣横生。

我在去往培训地点时一般会提前很久出门。例如，如果需要2小时路程，那一般我会提前1个小时出发。为了在路上能够更悠闲。并且我一定会在路途中的高速休息站休息调整一下再重新出发。在那里用餐，而且还会在那里整理记录一路上的一些小想法。

在去釜山或者光州的KTX（译者注：韩国的高铁）上简直就是我的天下了。很多次在往返的路上，就能够把新书的目录写完。虽然我才疏学浅，但我想要写书的时候能够有创新的想法。这样书的主题和内容也呼之欲出了。因此想要了解读者的内心，那么你有怎样的思想左右你的成败。绞尽脑汁思考创意，上班途中是最合适的了。在地铁上，手扶着扶手，即使有好的想法和创意喷发出来也很难做整理。

　　现在基本都没有了，以前的公司都会给员工准备班车。人们曾问我在职场生活哪个阶段读的书最多，问我如何一边上班还能读那么多书。这个问题蕴含了两层含义。第一个是在嘲讽我"不太工作是吧？"第二个则是感到好奇。利用周日和法定节假日，3年时间写出一本书并不难，那时候写的书的思路和想法大部分都是在上班的公交车上想出来的。

　　当时，人们在班车上占上位置后做的事情便是闭上眼睛睡觉，以补充不足的睡眠。其实很多时候并不是睡眠不足，而是因为养成了一种习惯。在大脑最有活力的阶段去睡觉？这便没办法做"励志"了。虽然在车上我也会睡觉，但其实我是在闭着眼睛思考，投入在自己的世界中。我的上班之路是我"励志"的摇篮。

　　虽然每天上班之路并不长，但在这简短的时间内，也是可以好好利用，做好"励志"的。经过一定的积累，便会产生好的效果。想要实现某件事就要狠下心来去做。

　　你上班途中这段时间是如何利用的？你是否进行了"励志"和"自我管理"？曾说过："学习狠心才能存活。"这是他一本畅销书的书名。这句话有三层含义。第一层含义是必须要学习才能存活，第二层含义是要狠心才能存活，最后一层含义是要狠心学习才能存活。

所谓学习，也就是"励志"，所谓狠心，在如今复杂忙碌的社会生活中，想要充实自己，想要"励志"，也自然要狠下心来。如果"励志"很容易，那世界上哪还有卓越的人了？

2013年第85届奥斯卡奖颁奖典礼中史上第一位三次获得最佳男主角奖的丹尼尔·戴-刘易斯，一生得一次都很艰难，他竟然得了三次，可能会猜测他到底哪里与众不同。他的演技很毒，他并不是很高产的演员。然而却一直坚持通过"方法演技"（演员在镜前幕后都要保持同角色一样的精神状态）来展现演技，并以此闻名。

他在第一部获奖作品《我的左脚》，为了演绎患有脑瘫的角色，在拍摄期间总是坐在轮椅上，连吃饭也让别人喂，最后因为坐在轮椅上越过障碍物时，摔坏了两根肋骨才不得不放弃轮椅。

在第三次获奖作品《林肯》中也不例外，作为一个爱尔兰裔的英国人，为了演绎带着美国南部腔调的林肯，他便在戏中戏外都坚持带着这样的腔调讲话。在1年内，他阅读有关林肯的书籍100多本，还带着历史学家前往林肯的家乡以及工作过的律师办公室。在电影中的发型和胡子也是为了角色留起来的。

　　他为了演技连生命都愿意赌上，在拍《因父之名》的时候，为了演绎被诬陷为爆炸恐怖分子的北爱尔兰青年，他在拍摄前在监狱生活了一段时间，他主动提出要接受拷问，在这段时间他一共瘦了13公斤；在拍摄《纽约黑帮》的时候，他患上了肺炎，但拍摄的时候只穿着单薄的戏服并且拒绝接受治疗，他说"因为电影的背景是19世纪初中期，那时候没有特别厚的衣服以及肺癌药物"。他对于自己的工作近乎疯狂，真的是非常狠。他能够刷新历史记录，也开辟了属于自己的天地。他不仅做到了"好"，更做到了"完美"。

从一句标语中也能够学到人生

　　上班族的新年计划中在工作之上的便应该是"励志"，在韩国的书店中卖得最多的也是这类图书。尽管如此，还是有不少人说"我不看励志类图书"。有一些人会批判这类图书，理由是这类图书的内容"就那样"。因此读了几本这类图书后我也觉得都差不多。写了30多年的书，我也对此颇感压力。在创作的时候经常想要在风格和内容上能够给读者带去耳目一新的感觉，有时候也会想要不要去写别的书，但是定稿时觉得还是做好自己便好。一听查尔斯·汉迪（Charles Handy）的故事我的眼前一亮。他是举世闻名的管理顾问、经济评论家、社会哲学家。《投资人生》《大象与跳蚤》等书多次在韩国被推荐。有一天，某个作家问他：

"大部分作家都是一直坚持写同样风格，然后不停更换题目，是不是？"

这个问题在韩国也有很多人问过。当我被问到同样的问题时心里一震，因为到现在为止已经出过几十本书了，心里当然会有很多压力。那么查尔斯·汉迪是如何回答的呢？他是如何想的呢？令我感到惊讶的是他竟然和我的想法一致："经常想着'我一定不要那样做'，但结果还是那样做了。"

　　"我曾经想过日后再写书的时候一定要有一些独创性的东西，但当我再读一次25年前我写过的书，我发现现在的想法已经在书中了，这让我感到很惊讶。但后来想到这件事还挺不好意思的。"他这样说道。相同的主题难免会出现这样的问题，因为见解和想法一般不会发生改变。很多作者过去的想法在新的经历和体验下产生新的想法。因此"其他的事情也是如此，除了我们以外，医生的技术也不会全部改变。只会因为现在技术的革新而完善自己的医术"。

　　查尔斯·汉迪长篇引用便是为了强调所谓"励志类图书"。更换表述、反复讲述是励志书的特征。几乎和小时候父母的唠叨一样。因此才会感到厌烦。然而重要的是，令人厌烦的唠叨中蕴含了成功的方向和要领。如果你依然对励志书的价值和效用持怀疑态度，不妨参考一下查尔斯·汉迪的话。如果能够站在轻松的角度去对待励志书，便能够发现它的新意，并对你产生效果。

　　有时候电视上的广告、墙壁上的标语也能够让人感受到人生的智慧。我刚踏入职场时曾在买衣服的西装店一块广告牌上，发现了人生的座右铭。"模仿别人是无法超越别人的。"不管是励志书，还是人文书，重要的是态度和实践能力。如果想要通过励志书获得成功，那就要多多阅读。设身处地地去想为什么无数的作家们难以入睡，讲述自己的故事。就像能够听进父母唠叨从而获得成功的人一样，能够认真阅读励志书的人也会成功。原本成功的原理就是平凡的。

✛

彼得·德鲁克在《专业的条件》中明确指出了上班族"励志"的标准。他将"励志"的起点放在"贡献"上，要时常问自己"为了团体的成功，我能够做到的最大贡献是什么"，即"在哪些方面需要励志、需要学习哪些知识和技术、自身的长处中哪点适用于工作"。

励志不是自己个人的标准，而是应该以团体需求为标准，对团体发展有贡献，才能真正发光。如果背弃了团体，那便不是励志，而是一种倒退。

✛

想一想在上班途中如何开发自己吧。励志的方式和内容多种多样。如果没有适当的计划，那就先从读书开始吧。读书其实与冥想相似，数千年来人类积攒的知识和经验，只有通过读书才能获取。但是通过读书所获取的知识事实上已经通过遗传被我们得知，读书只不过是让我们觉醒而已。今天在上班途中，要如何来励志呢？

29

应对突发状况的"心理彩排"

生活是具有不确定性的，正是这种不确定性，让我们总要面对各种"霉运"。清晨的上班途中，便可以通过设想应对突发状况的对策来扭转这种状况，这也是"心理彩排"的核心。清晨的这段时间，对一天起着决定性作用。

在某金融机构工作的Y小姐，毕业于国内一流大学，是人见人夸的才女。并且还结交了一位帅气的优质男朋友，二人即将步入婚姻殿堂。

某天，Y小姐准备开车上班，她需要从双行车道行驶到六车道上去。这时候手机响了，是男朋友打来的电话。每天早上她都会接到男朋友的问安电话。虽然明知道不能边接电话边开车，但Y小姐对自己的驾驶技术充满自信，对此并没放在心上。她一边接着电话一边将车停到了十字路口，红灯期间，Y小姐继续讲电话。过了一会儿，后面的车辆按起了喇叭，催促Y小姐开车。原本她应该左转，但因为接听电话分心让她一时判断失误转错了方向，刚好撞上了迎面直行而来的车辆。就是这样一个瞬间，让Y小姐一条腿受了重伤，几乎遭受致命的危险。

就是这样瞬间的失误，却可能扭转你人生的大方向。

如何避免不幸而又惨痛的事故？这就需要我们提到的"心理彩排"。当双手握住方向盘的时候，"心理彩排"就必须开始了。警告自己不接听电话、不要急躁。告诉自己遇到事情要谦让平和。

早上出门之前，对一天之内可能发生的事情做一个粗略的规划和简单的设计。对美好的事情发挥想象力，也许它真能成真。

瞬间的放松会导致致命的打击

生活中总是有预想不到的事情发生。我们总是希望像梦想中那样生活，但现实生活中总是会有梦中所没有的幸运与不幸。最近好多汽车都装上了"黑匣子"，通过"黑匣子"看到了很多交通事故画面。

真是让人后怕。看到那些事故同时也感到很荒唐，怎么会发生那样的事？不仅是交通事故，世上的很多事也多是如此。因为亲属的委托而不好意思拒绝最终导致身败名裂、某个活动结束后酒后乱性，等等。

当然幸福开心的事情也有很多，但往往决定我们人生的往往是那些意料之外的事。日常生活总是非常繁杂。稍微放松一下自己就不知道哪天会导致生活的坍塌。"瞬间的选择决定10年"是某家用电器的广告词，我想我们的人生也是这样的。瞬间的失误，不仅10年，恐怕会影响一生。因此一点都不能放松自己，时常自省是必要的。这也是我一直在强调"心理彩排"重要性的理由。

✝

上班途中，紧握方向盘的时候做"心理彩排"也是十分必要的。要时时警告自己绝对不能抢道、驾驶中绝对不能接听电话、绝对不开快车、一定要懂得谦让（"谦逊驾驶"），等等。一定有人觉得我杞人忧天，然而不要嘲笑我。如果不是担心，为什么要投保险呢？

早上出门时可以想象一下一天可能发生的意外状况，为了不让那些事情发生，要如何应对，就需要"心理彩排"了，这里的"心理彩排"便是一种"保险"。

上班途中应下的决心

早上睁开眼睛时，有时候内心会感到悲伤难过，有时候还会后悔上班，这是为什么呢？原因可能会有很多，但往往都是因为前一天晚上发生的某些事情。

职场生活中不可缺少的活力素便是聚餐，这也是一种职场文化。然而稍有不慎就可能会做出让自己后悔的事情。其元凶便是酒。韩国人原本就非常爱酒，韩国人的性格按照弗洛伊德的经典精神分析论属于口欲施虐型性格（oralsadistic），这种性格的人爱逞口舌之快，也因此爱喝酒。

与以前相比，现在已经有所好转，但如果去往"饮食街"依然可以看到各种酒席场面。而且还有比以往更严重的场面，因为男女平等了，所以女性酗酒的画面也很常见。

虽然有个笑话说酒也有"刷刷"的含义（译者注：韩语中的"酒"发音与拟声词"刷刷"相同），而"下酒菜"却不是"酒"（译者注：韩语中的"下酒菜"发音听起来像酒名）喝酒可以让很多事情"刷刷"地就解决了，但不能忽视的是喝酒也能误事，在应酬时一定要牢记这一点。很可能因为酒，将原本优雅的形象毁灭掉。而且不仅是男性，女性在酒场上更容易做出令自己后悔的事。人喝酒后，欲望会变大，所以往往第二天回想起来会很后悔。不管怎么说，酒都是元凶，一定要小心。

✛

应酬前对于酒桌上可能发生的事情应该在心里有个预想。以前，有位部长给自己定下了"1:1:1"原则，即，烧酒绝对不能喝1瓶以上、不能喝1个小时以上、只能喝一轮。（译者注：在韩国，一般认为喝酒喝3轮才尽兴。第1轮是晚饭席间喝酒、第2轮是在小酒吧、第3轮是KTV）在我的Facebook上也曾写有与喝酒相关的标准，也就是"赵宽一版本"。在喝酒的时候一定要记得两个人，即奥巴马和莎士比亚。

第一，喝酒不能奥巴马（译者注：韩语中"过量"和"奥巴马"

谐音类似）不要过量饮酒。

　　第二，拒绝性感（译者注：韩语中"拒绝性感"和"莎士比亚"谐音类似）。要与异性保持安全距离。

　　牢记这两点你便能愉快地享受饮酒带来的乐趣。

　　去酒场应酬前做一次这样的"心理彩排"便不会再做出令你后悔的事了。

✝

　　既然提到了酒，那就再说一句。在应酬的时候，运用"镜子法"也是个不错的方法。在美国极有人气的《信念的魔力》的作者克劳德·M.布里斯托被某富翁邀请参加了晚宴。很多客人们敬富翁酒，很快他便喝醉了。于是他蹒跚地走向了卧室，看到这一幕的布里斯托便走过去帮助富翁，但富翁并没有注意到布里斯托，他只是看向镜子，并且还在喃喃自语。

　　"约翰（富翁的名字），你为什么会这样？客人灌醉你是觉得有趣，你不能输，不能醉，你没有醉，好了，已经醒酒了，今天你可是主人。约翰，一定不能醉哦。"

这样反复的自我暗示让富翁很快恢复了心智，他重新回到了宴会，和客人们继续谈笑风生。读完这段文字我感到很惊讶，我在平时也会使用"镜子自我暗示法"，并不是因为看了这本书。原来人们的想法都是相似的。如果我在应酬时喝醉了，也会跑到饭店的卫生间里，对着镜子自言自语："你这是怎么回事？一会儿就好了，绝对不能失态，我没做错什么吧……"

在我们生活中，经常会遇到意料之外的事情，因此要经常在事前细心预想一些状况。比如前面关于交通事故和聚餐饭局的例子是比较危险的情况。职业不同，所蕴含的"地雷"也形形色色，什么时候会踩到则不得而知。为了避免踩到"地雷"则要做好必要的"心理彩排"。

✝

我想到了一个突发状况的小插曲，这也是我在职场生活中的教训，更是成为我进行"心理彩排"的契机。

当时我还是农协会长的秘书，也兼职会长演讲稿的撰稿者。有一次，参加首尔奥林匹克体操竞技场的一场大规模的活动，当天活动连总统都出席了。准备时间需要一个月以上，这一个月忙得不可开交。和所有大型活动一样，亮点一定是开场仪式。当时，会长要在总统之前做开场演讲，为了写这份演讲稿花费了我不少心力。为了彰显总统的权威，演讲稿还送到总统秘书室进行了事前检查。演讲稿不能比总统的演讲长，内容重复或者与总统的方针相反也不可以。会长在领导面前大声朗读了演讲稿，进行了彩排。

因为活动非常重要，所以有一寸的误差都不行，我所扮演的角色便是要让会长安心，尤其是保管演讲稿。活动前一天，我很想时间快点过，并对第二天可能发生的事情进行了各种设想，能够在活动场地发生的事情我仔细想了一遍。

这便是"心理彩排"，一边做着活动准备，同时对活动场所也勘察了好几次，令其深深印在脑海里。然后将演讲稿复印了3份，为什么3份？一份给会长读，一份准备在我出现一些意外状况无法到达现场时交给其他人，剩下的1份则是备份，以防万一。各种意外事故都被我想到了，如果别人知道恐怕会认为我是个世界上独一无二的笨蛋。

终于到了活动当日，到达活动现场要先到总统警卫室进行安全检查，警卫员让我将会长的演讲稿提前送到会长的位置上。因为有总统在，所以我不能在里面等会长，于是我便将演讲稿放在了会长座位前面的桌上，然后告诉了会长。在活动开始之前，为了暖场举行了演出，艺人们又唱又跳十分热闹，体育馆内一片欢腾。

然而我真是淋漓尽致地发挥了 "笨蛋" 气质，在离我30～40米远的观众席前的桌上我看到了躺在上面的演讲稿。因为我以为会长在落座前一定会确认演讲稿的，我没有想到会有艺人们的歌舞表演。

但是事情还是发生了。总统入场让气氛变得严肃，警卫员人数增多，同时开始检查讲台等地。其中一个人将桌上的会长演讲稿收了下去。（之后我才知道，如果秘书无法随行，应该让会长自己携带演讲稿入场）这时我慌了，站得很远的我发疯一样跳下观众席的台阶，开始向讲台跑去，我气喘吁吁地将事情告知警卫员，警卫员也急忙喊道："快送过去！"我将备份演讲稿放到了桌上，没几秒，总统和嘉宾便开始入场，之后便一切顺利了。

　　呼！想象一下吧，为什么我一直说"心理彩排"很重要。为什么它能应对危机状况、突发状况，为什么在职场生活中必须要做"心理彩排"，这下明白了吧。如果我将演讲稿放在桌上后便觉得"现在全都做好了！"然后安心观看演出，后面会发生什么？如果当时发生了不好的事情，那我的职场生活也会坍塌掉。差之毫厘，失之千里，这便是人生。人生就要经常面对一些危险。虽然听起来很悲伤，但这也是事实。

✛

　　"心理彩排"就像给心安上了保险一样。为什么要上保险？就是为了应对那些细微的不幸，还有那些不知道会不会发生的危机。因此即使工资并不高也会每个月按时缴纳保费。正因为如此，在清晨上班途中就不给心上个保险吗？这便相互矛盾了。不需要一分钱，只是从职场和生活的角度，应该每天早上给心安上保险，"心理彩排"便是一种保险。

30

找到一句任何时间都能够给你力量的话

上班途中要有坚定的决心，要保持决不动摇。因为今天很可能会在荒唐的人身上遇到荒唐的事情。"情感劳动者"是我在给上班族做培训的时候一直强调的。"世界上最倒霉的事情是被不讲理的顾客（客户）们烙下"不亲切"的烙印。"提前应对和顾客（客户）之间可能会发生的事吧。坚信今天一定会很顺利地度过！

夫唱妇随，即丈夫唱歌的话妻子也一起唱，形容丈夫做事妻子帮忙，相互配合默契。有一天，妻子把一张用手机拍的照片给我看的时候，我的脑海中马上浮现出了这个词。她觉得这张照片或许能成为我讲课时的素材所以就拍了下来。手机画面上是手推车。

为什么是手推车呢？仔细看看照片后面的字："好死不如赖活着。"很多年轻人恐怕对这句话已经不太熟悉了，这句话是说"无论生活得多么低贱痛苦，活着总比死了强。"（就像这样，妻子偶尔会给我提供很棒的素材）。

对于把写书和做培训作为职业的我来说，这种照片比世界级名画更有价值。妻子是在去往附近医院的路上发现了这辆手推车，并捕捉到了有着一把年纪的清洁工大叔为了装垃圾拖着这辆手推车的画面。我曾经叮嘱过她如果遇到能够触动人心的画面一定要拍照，于是她在征得大叔同意后拍下了这张照片，当然还给了大叔一杯米酒的钱。"不要用在不好的地方，用这张照片去得个奖吧！"他给拍下照片的妻子扔下了这句话。

看着这张照片，在一种钓到大鱼的喜悦之情退去后心里变得很不是滋味。因为脑海中浮现出了为了清理垃圾拉着手推车走向工作岗位的老年男子的形象。"好死不如赖活着。"也许他在某一刻也有过自杀的想法，也许想要富足的生活却没能实现，也许有着许多艰难的故事，也许曾经有过"这样活着干什么"的想法……然后得到的结论还是那句话——好死不如赖活着。

对于他来说，这句话比世界上任何哲学家提出的高级理论或者名言都更能触及心灵，比世界上任何的安慰或者心灵治疗都更加有价值，因为他从这句谚语中得到了在这世上继续活下去的力量，给了他克服困难的力量和勇气。对他来说这是能够静心的，也是生活的指标。

你的心中珍藏着哪句箴言呢？铭记于心的生活的指标和基准是什么呢？任何情况都能给你力量和勇气的一句话是什么呢？没有的话就应该去创造。这是"心理彩排"的基础。每当从家里出门去上班的时候或是职场工作开始的时候内心要反复重温的话。有它和没有它的差别很大。它的效果从清洁工的事例中可以充分地感受到。

情感劳动很辛苦

美国的CNN选定并发表了"韩国在世界上最出色的10个地方"。第一个被选定的就是世界级水准的互联网和智能手机文化。除此之外，还选定了工作狂和职场内的饮酒文化等。有趣的是，空乘人员们亲切的机内服务也被选中了。看到这条，我想起了对于空乘人员的恶言恶语和暴行事例，心情变得很微妙。成为世界第一的他们也经历过很多令人恼怒的事情。何止是空乘人员，韩国的服务已经被认证为世界级水准。当然，也存在着和世界级水准相距甚远的挨宰和骗子等部分。

根据统计厅（2013年5月的基准）统计，1600万名雇用人口中的1200万名从事服务产业，占总数的70%，推算其中"情感劳动者"有600万名。特别是1000万名女性就业者中从事重点要求情感劳动的服务及销售领域的人达到了314万名。在全国35000余个呼叫中心工作的100万名客服中有89万名是女性。

虽然统计是这样，事实上无论从事任何职业都不可能没有"顾客"。甚至连艺术家们也需要顾客。因此可以说上班族全部都是"情感劳动者"。

问题是情感劳动者们经历的苦恼，我相信所有人都经历过。原因就是各企业推进的与众不同的顾客满足经营，和与众不同的顾客们债务合作的文化。我看到"韩国劳动研究院"发表的"服务产业情感劳动研究"结果时感到很惊讶。

很多的服务是通过电话来实现的，所以这里我就用呼叫中心做个例子。呼叫中心的客服一天平均要打125通电话。通话时间足足达5小时。因为我的工作也需要讲话所以我知道那种痛苦，一天通5个小时电话可是个苦差事。这么长时间里讲课更是痛苦。但做培训讲课我作为教授，有时候会因为学生们的欢呼减轻疲劳感，而呼叫中心却是和陌生的顾客在不能面对面的情况下通电话，这件事本身就是个苦差事。况且考虑到通话的内容大部分都是麻烦的投诉问题，很明显的，他们受到的压力是极大的，不可能不生病。

事实上，在这次研究中，我发现呼叫中心的客服（女性基准）2名中有1名受到病痛的折磨。有43.7%的客服曾经被诊断出忧郁症、下肢静脉瘤、筋骨疾病、消化不良、月经不调、声带结节等服务业的6大疾病。其中25%疑似忧郁症，40%疑似社会心理健康高危人群，和一般女性工人（高危人群比重27%）相比精神健康状况更为严重。

无可奈何的是，工作的本质就是被差使，但是工作的处理过程中遭遇的'事情'是更大的问题。从2012年7—8月仅2个月间的调查来看，客服们平均遭受到1.13次性骚扰，2.72次恶言及辱骂，被顾客无视人格3.65次，并且被蛮不讲理地提出无理的要求达到3.93次。这样的情况下不得病或许反而是不正常的。不仅仅是呼叫中心，其他的服务行业也会因为客户而烦恼。

✛

韩国KBS2 TV的人气综艺节目《搞笑演唱会》中被称为"郑女士"的角色在韩国被人熟知。"不行！给我换！""你看不起我吗？"她提出要更换原本完好的物品。后来事情没能得到她满意的解决，就让自己家的狗去咬人。

从大韩商工会议所调查结果（2011年）看来，83.4%的被调查企业有被黑色消费者恶意信访的经历。但是10家被害企业中7家由于担心形象受损而接受了不正当的要求。不仅如此，黑色消费者还以每年20%左右的比例在增长中，因此我们总能听到客服们发着各种牢骚。"世界级的服务"背后往往隐藏着诸多苦楚和牺牲。

✛

一次，我要到某行政机关讲课，主题是亲切服务。但是讲课的两天前，我接到了对方领导打来的电话："老师，请不要对我们公务员们过分强调亲切。"

我一时没有反应过来，讲亲切服务的课上要我不要强调亲切？后来他解释到，公务员们由于最近信访窗口经常出现的态度蛮横的居民们士气很低落。在这样的状况下，讲师过分地强调亲切，便很有可能出现严重的逆反心理，出于这样的考虑才做出了那样的请求。并且他还通过E-mail给我寄来公务员和信访者之间来来回回的通话录音作为讲课的参考。我听了之后真是非常寒心，很多信访者无休止的难以启齿的辱骂和接电话的公务员战战兢兢的态度令我感到震惊。

你的"便利贴"是什么？

最近"甲"和"乙"的不合理关系上升为重大社会问题，顾客和应对者的关系才能被称为最原始的"甲乙"关系。如今经常出现恶意利用"乙方（应对者）"立场的"甲方（顾客）"越来越多，随着时间的流逝会变成更让人发愁的趋势。

　　韩国的服务业被世界称赞，但很少有人看到光环的背后接待顾客的情感劳动者们罹患忧郁症、幻听等精神疾病，甚至很多人出现自杀倾向。最近听说，首尔市对信访者或以顾客为首的专门从事对接待处性骚扰和恶言的人们采取了司法性的措施。

　　公司应该对职员们情感劳动产生的严重的副作用给予保护，我们自己也要针对付出的情感劳动采取保护自己的对策。不能只是盲目地埋怨，毫无对策被拖着走，要积极地去面对。

✛

　　这是一个发生在某大型医院的真实事件。这家医院实行的是顾客满意经营战略（CS战略）且医院聘任了CS战略专家，要求她将医院变成"最有亲和力"的医院。她一边向其他因亲和力而闻名的医院学习，一边积极推进自己制订出的一套CS战略计划。但这并不是件容易的事。医生们对此不为所动，或许他们对此很不屑，甚至抱有怀疑的态度。作为新职员，她也没办法强制实行她的计划。一天，她想到了一位女医生。这位医生医术很高，但她经常面无表情，并且性格很倔强，对此患者们怨声载道。她鼓起勇气小心翼翼地与那位女医生搭起了话。

"老师，患者们因为老师是'名医'所以喜欢老师。但是因为老师不爱笑也有很多人不敢接近您。"

这句话确实是她纠结了好久才说出来的，因为稍不留神就会遭到拒绝。不知是不是感受到了她的真心，女医生并没有生气，她没有说话只是点了点头。走出医生房间的时候她还在担心是不是会触碰到医生的自尊心。

几天后，她因为有其他的事要去见那位女医生。进入诊疗室发现医生没有在，于是她便在诊疗室里等待。偶然间她看到医生电脑边缘处贴着一张便利贴，上面写着：

"微笑吧，让自己更亲切一些！"

最初听到CS战略专家的进言时，女医生的心里很不舒服。没有人听了这样的话会心情好，但是她仔细思考后明白"她能对我说这样的话意味着背地里患者们对我的埋怨很多。"她也明白"随时间流逝，不知不觉就会对患者们很冷淡。但从现在开始，即使会显得有些做作也要多多展现自己的笑脸。"

能够将想要改变的决心写在便利贴上，也证明了那名医生是真正的"名医"。

与患者相对而坐时，每当看到电脑上显示的患者诊疗记录时，她同时也会看到"微笑吧，让自己更亲切一些！"这张便利贴，然后用此控制自己的心灵和行动。这也就是全书一直在讲的"心理彩排"。

31

用好奇心来观察

《在手术室前》

"手术后恢复中"

电子屏幕指示的字

说话声戛然而止

照亮休息室

闭上眼

翘起嘴唇的妈妈

像要哭似的笑了

——金钟宪

上面的诗写在首尔地铁站屏蔽门上。因为这首诗非常好所以我用手机拍下照片保留了起来。除此之外我的手机里还有很多上班途中或是出差路上拍下的照片或者是笔记。不久前因为手机故障恢复了出厂设置，虽然照片还在，可是笔记都不见了。我把这件事传到Facebook上，我收到了"丢了几本好书啊"的回复。我确实是丢了有关几本书的好的构想。

✛

尽管是常常在同样的时间同样的路径往返的上下班，但是应该留心看看闪过的风景和人们。不要因为无谓的偷看女性的小腿而看别人的脸色，想要得到对生存有帮助的信息就要用满含思考和好奇心的眼睛去看世界。

本杰明·富兰克林说过一句非常好的话。"有的人25岁就死了，但到75岁才埋葬。"这里所谓的"死"是指激情的退去、梦想的幻灭，是指精神的死去。我们很多人都像视频中的中年人一样，少年时也曾经拥有丰富多彩的人生，但是工作之后开始每天忙忙碌碌，循规蹈矩地生活，至死方休。欲望和热情是什么？用另一个词来讲，就是"好奇心"，也就是说"没有了好奇心就老了"。韩国李御宁教授曾说过"我的动力就是好奇心，当我的头脑一刻不停的思考时，1秒前的我和1秒后的我是不同的。"好奇心是使我们变得不同的动力。

我们应该尽可能地拥有好奇心。不要失去热情，在上班途中最大限度地去发挥我们的好奇心。虽然每天发生的事情好像都是相同的，但是从平凡的、始终如一的日常生活中也可以发现不得了的事情。

没有了好奇心就老了

首尔汉江大桥中的盘浦大桥因其下方的潜水桥而形成了双层结构。这座桥的总长度达1140米，上下游两侧每隔570米便安装了380个喷水装置，形成了能在1分钟内抽上190余吨的水并从20米的高度向下方的汉江喷水的喷泉。到了夏季，喷泉喷水的姿态又雄伟又壮观，也能给市民们的心灵带来一丝清凉。2008年12月，这里被世界吉尼斯协会认证为世界最长的"桥梁喷泉"（又叫"月光彩虹喷泉"），这个构想从何而来呢？

这个喷泉构想的主人公是一位公务员，名字叫尹石彬。2006年7

月的一天，因酷暑而疲累的他在经过潜水桥时萌生出"如果从潜水桥上面的盘浦大桥有瀑布落下，就像在瀑布中经过那该多清凉"的想法。这个瞬间就是好奇心发挥作用的瞬间，也是获得灵感的瞬间。

因为盘浦大桥和潜水桥一起构成双层构造，经过潜水桥的人中有很多和他有一样的想法。在炎热的夏季很容易产生这样的想法，连我都想象过。但是尹石彬的好奇心比其他人强烈的多，他因此提出了具体的构想。

我们常说人才的首要条件是创意性，而创意性来自强烈的好奇心。关于喷泉的构想并没有多么精妙绝伦，但就是这种"没什么大不了"的想法成了"世界第一"。

✛

我们的好奇心素材可以说处处都有，世间万物全部都是好奇心的素材。例如，上班途中如果看到飞翔在空中的巨大的飞机你就可以这样想：那么大的"铁桶"装着那么多的人和行李是怎么升到空中的呢？它的原理是什么？让自己保持如孩子一般的好奇心，你会发生很多改变。

不断扔出"为什么"的疑问

日常生活中要不断地问"为什么"。就像牛顿看到落下的苹果一样，这便是创意的源泉。人和动物的区别不是源于智力的区别，也不是工具的使用。因为黑猩猩也会使用工具。即使不借用心理学家丹尼尔的实验结果，我们也知道人类和黑猩猩等类人猿最大的区别就是人类会思考"为什么"。人类会自然地对世上的原理或原因产生疑问并寻求答案，但是类人猿并不会。因为"为什么"产生的好奇心才是人类被称为人类的基本条件。

上班之路是重复的路。就像松鼠转笼子一样总是这样的容易忽视，稍不留意就会被钉在一点也没有新鲜事物的框框中，但是留心观察一下吧。虽然周围的风景好像没有变化，每天和我们擦肩而过的人和昨天并不一样，因此怎么能说是没有新鲜事物的重复呢？甚至于总是看着的事物某天用"为什么"的视角来看的话就能看出不同。这也是前面所讲的"思考"。

好奇心也是习惯。使好奇心成为一种习惯，要用好奇心从重复的如松鼠转笼子一样的日常生活中逃离。就像已经去世的具本型（音译）先生劝告的那样"应该和熟悉的事物告别"，那样才会出现新天地。塞缪尔·约翰逊说："好奇心是永远、明确、充满活力的心的特征"。尽可能地保持自己的好奇心吧，这样才能让我们上下班的路永远充满活力。

> "我没有特别的才能，只是好奇心相当多而已。"
>
> ——阿尔伯特·爱因斯坦

保持好奇心的5个方法

1.为什么？为什么？为什么？不断地提出疑问吧。用小孩子的眼睛看世界，用小孩子的心提问吧。那不是小孩子的心而是充满创造力的心。

2.留神观察。不要心不在焉而忽视周围的事物。努力找到隐藏在平凡的日常生活中的不平凡的事吧。

3.拓宽关注的范围。不要被智能手机勾了魂。别只是玩智能手机，多多关注周围的事物，无论远近。

4.坚持钻研。直到解除疑问，充分发挥自己的好奇心。不拘泥于形式下结论，直到获得想要的答案。

5.习惯化。明确养成习惯。不是因为一次好奇心提出绝妙的构想，而是让你成为充满好奇心的人，养成无时无刻充满好奇心的习惯。

32

经常做笔记和记录

　　"听说你在养鸡，养鸡是一件好事。但是它也能分出文雅和卑微，肮脏和干净。仔细研读一些这方面的书籍，挑出一些好方法尝试着做吧。可以试着按颜色分类饲养，试着做不一样的鸡架，让你饲养的鸡比别人家的鸡更肥，下出更好的蛋。偶尔也可以试着将养鸡的过程写成诗……我也不知道用什么方式，既然已经开始养了，就尽可能地从大量的书中挑出有关养鸡方法的理论，写出一本像《鸡经》那样的好书吧。就是在这样普通的事中也能够摸索出一条不一样的路。"

——郑药勇

　　上面的文字是流放时期的郑药勇听说二儿子学友养鸡的消息后给

他寄出的信的一部分。20多年前我年轻的时候读到这段文字时非常喜欢，以至于在我的书里被引用了很多次。至今这段文字依然刻在我心里。200年前他给儿子的忠告对现在的上班族依然适用，对于他的真知灼见和生活方式我甚为感慨。

不仅是上班族，这段了不起的忠告对于所有人而言都很有意义。把这封信中的"养鸡"换成你正在做的事读读试吧。无论你现在在做什么工作，只要你能够细心观察和记录，都能够找到不一样的路。

记录的力量超乎想象

"心理彩排"过程中，记录很重要。你想的再多、为自我管理制订再多的计划有什么用呢？因为在年复一年的上班途中你并未获得什么。无论你是冥想还是做其他的事情，最好将通过"心理彩排"浮现的想法尽可能多地记录下来。记录能够起到画龙点睛的作用。

我们听过很多关于笔记的价值的故事。很多的先驱们劝说大家要做笔记。还没有经过验证，就成了"笔记狂"，发疯一般地做笔记。

有句话说"天才的记忆不如傻子的笔记有用"。然而真的像发疯一样做笔记的人并不是很多。

　　我们对笔记有些错误的认知。认为在笔记本上或是手机上记录行程或是为了备忘而写一些关键词就是笔记。其实，这不能算作笔记。笔记用英语说是"memorandum"，直接翻译过来是备忘录。从字面意思来看，是为了记住而做的记录。这种备忘录是没有建设性的。我们需要更具体、更有建设性的笔记。要有建设性的意思就是说应该包含记录特有的构想。

✛

　　说到笔记或记录，我们脑海中最先浮现的人是谁？应该会想到人类历史上鼎鼎大名的天才——莱昂纳多·达芬奇（Leonardo da Vinci）。他在英国科学杂志《Nature》选出的"10名改变人类历史的世界级天才"中被选定为第一名。有学者曾推测他的智商在205左右。他在美术、音乐、建筑、军事工程、城市规划、飞机等领域都有发明，并且在烹饪、植物学、服装及舞台设计、幽默等很多的领域中也都发挥了突出的才能。

他不仅留下了《蒙娜丽莎》《最后的晚餐》等杰作，还创造发明了飞行器、降落伞、折叠梯子等。作为军事爱好者，达芬奇还制作了装甲车、机关枪、迫击炮、导弹、潜水艇的模型。同时作为解剖学者，他不仅是最早画出人体的各部分的人，他还对子宫中胎儿形成进行了研究。据说莱特兄弟的飞机设计也是依照达芬奇的设计来实现的。

如何才能做到和他一样？是他与生俱来的天赋加上铁杵磨成针一般的毅力对自身的磨炼才成就了这个人。他的笔记本可以印证这一点。他真实地展示了笔记的力量。

他总是把浮现的想法或构思，还有观察到的东西记录在本子上。1519年，67岁的达芬奇去世后被发现的手稿达到了13000多张。这些笔记是保管他遗物的老朋友弗朗西斯科·梅尔兹整理的。整理这些笔记的时候，连雇用两个人一起做都心有余而力不足。不仅是因为庞大的数量，还有很多部分是由必须用镜子照着才能解读的镜像文字记录而成，解读起来令人费解也是其中的原因。照亮人类历史的他的成就正是来源于这些笔记。

连头脑非凡的天才都这样记笔记，那我们呢？

✝

　　我们再来看一个故事。这个故事的主人公就是本杰明·富兰克林。他的特别之处在于美国历代总统名单中并没有他的名字，但他却被称为"美国的精神"，并打败华盛顿和林肯成为美国100元纸币的肖像人物。

　　我之所以要提他是因为他最适合作为上班族的榜样。富兰克林是政治家、外交官，也是发明了避雷针和双焦点眼镜的科学家，是作家，是报社的经营者。按现在流行的说法就是融合型人才，也就是我说的复合型人才。

　　他仅仅接受了两年的正规教育。虽然因为家庭条件困难必须退学参加工作，但是他阅读了大量的书籍。他为自己制订了13项信条（节制、沉默、纪律、决断、节约、勤勉、真实、正义、中庸、整洁、沉着、纯洁、谦逊），并将此作为一生实践的目标。每当他违反信条的时候他就在日历上标注，就这样反复地自我督促。

　　还有一件在他年轻的时候去前辈家玩时发生的事。他一边谈话一边走来走去，一不留神将头撞在了低矮的门框上，前辈见状对他说道："你还太年轻，未来很光明，为人处事要懂得低头，那样才不会受到严重的打击。"这句话由此成了他制订信条的契机。从这逸事中推测来看，"谦逊"仿佛是他最重要的信条。

此外13条信条的每一条都按着纪律实践与否记录出来。他对笔记这件事花了很多心思。"我在我的笔记本中写上这13条信条已经超过50年了，并对这些条目的执行与否进行了记录。"对于笔记本上记录的条款是否执行他都会进行检查。史蒂芬·科比博士在《成功者们的7个习惯》中对于富兰克林的笔记也有所强调。据说还有"富兰克林策划者"为名的系统，是一款用日历的形式来做人生规划的道具。

富兰克林身上值得学习当然并不是只有这一点，尤其是一定要学习他的记"笔记习惯"。

成为真正的笔记狂，记录狂吧

哈维·彭尼克（Harvey Penick）被称为"高尔夫辅导的创始

人""高尔夫界伟大的导师"。他于1904年出生在德州的奥斯汀，他的高尔夫生涯开始于8岁，当时他在故乡的乡村俱乐部做球童。直到1995年，91岁的他去世为止，他培养出了不计其数的知名选手。

他以少言的培训方式闻名。"只说必需的话，不做过于复杂的指导，不用知识感动学生"这是他的信念。不仅如此，他对任何人都表现得很公平。因此他深受高尔夫运动员们的景仰。

在做职业教练的60余年间，他把一生的教球心得都记录在一个红皮笔记本上，作为留给儿子的遗产，从未示人——哪怕是他最亲密的爱人和朋友。当他终于决定在1992年将之公布于众的时候，整个高尔夫世界都为之感动，为之振奋。

这本书就是享誉世界被称为高尔夫经典的《哈维·彭尼克的小红本》（Harver Penick′Little Red Book）。

我们从哈维·彭尼克身上可以学到笔记的重要性和价值。

✛

　　大家要活用自己的笔记，被称为日本的"超级上班族"的三崎暎一在《笔记本中的秘密》中提到要善于利用上下班途中或者出差等移动时间。例如，"与自己读书相比，集体讨论更重要""将浮现的想法记录下来（即使是关键字）""从做完的笔记中选定'今天的主题'并对此进行深刻而具体的思考"等。从她身上我也学到了上班途中记笔记的重要性。

　　希望你们把上班途中浮现的想法，因为好奇而发现的一切用笔记记录的方式留下来。细致的记录可能会带领你走进一个不同的世界。

后记

用"心理彩排"
展望遥远的未来

我们登上了一个叫作"一天"的舞台，为此我们应该做的"心理彩排"全部讲完了。全部有32个分支（细分的话还会更多）。每个人情况都会有所不同，因此我希望大家增加一个一定要做的"心理彩排"，也就算是第33个分支。

当然，我并不是说让大家每天都检查这33个分支。有时，只关注其中的三四点，也有的人每天能够做到20多点。不管怎么说，"心理彩排"能够为我们的人生带来巨大的变化这是肯定的。"心理彩排"也是失败人生和成功人生的区别。

虽然本书将焦点对准"一天"的"心理彩排"，但是我希望大家能够一生都坚持做"心理彩排"。

"20年后我是什么样子呢？""我老了以后是什么样子呢？"这些问题就是"心理彩排"的终极目标。不仅今天"一天"，但是展望遥远的未来也是充实"现在"的理由。

"只想着'现在'而活，所有的事情也许都让你感到很舒适。但是想想二三十年后的生活，未来也会变得很舒适。预测一下20年后自己的样子，并以此决定'现在'应该做的事吧。"这是山本纪彰《改变人生的清晨1小时记事本》中说过的一句话，非常值得我们参考。

✚

最近常常听到这样的话："如果让我回到过去年轻的时候我会拒绝。"某知名作家也这样说过，某人气演员也在电视中说过同样的话。一面怀念年轻的时候，一面不愿意真的回到那个时候是为什么呢？

仔细回顾过去，我们自己也会觉得自己是个奇迹。"如果让我回到过去年轻的时候我会拒绝。"这句话中包含"如果当时满嘴抱怨，总是将'哎呀！'挂在嘴边，就没有今天了"的意义。我们总是会有一些连回忆都不愿意回忆的痛苦经历。

抱怨的时候我们总爱说"哎呀！"，而这个瞬间就可能出现另外一条路，也有可能掉入水深火热之中。如果没能战胜那时的艰难就不会有现在的我们。减少抱怨的频率，为了不遭遇逆境或是能机智地应对困难，而在脑海中提前准备的过程就是"心理彩排"。安娜·昆德兰（Anna Quindlen）曾说，生活不是彩排，只有一次，为了这仅有一次的人生就要善于做"心理彩排"。

✛

我很少谈起家庭的事情，写了40多本书这是第一次。这本书汇集了全家的帮助和构想。第一次构想这本书时的书名是"上班途中30分钟的奇迹"，但是从美国留学回来的儿子敏基从我的文字中选中了"心理彩排"这个词，起到了画龙点睛的作用。他还翻遍了国外的论文、书籍和网站帮我寻找好的材料。儿媳李商娥则在我和儿子讨论本书写作方向和内容出现分歧时，冷静地充当着审判官的角色。女儿海娜在听到"心理彩排"这个词时只用一句充满力量的"太棒了！"便给了我信心。

30多年间一直在旁看我写作的妻子，她已经达到了"悟道者"的水准。曾经我的一本畅销书的书名《妙语绝伦》就是妻子起的。这本书在写作过程中她也给我提出了很多好的意见，我非常感谢我的家人。

　　尽管每个人都有所不同，我经常在步行和洗澡的时候构思。尤其洗澡时突然想到好的灵感，我就像阿基米德一样一边喊着"我想到了！"一边想要跑出去，所以每次洗澡都没办法好好享受。今天写完这个结尾我可要好好沐浴一下了，然后想象一下我二三十年后的样子，来场"心理彩排"。